科学
发现
之旅

奇妙的纤维

陈积芳——主编　　奚同庚 等——著

上海科学技术文献出版社
Shanghai Scientific and Technological Literature Press

图书在版编目（CIP）数据

奇妙的纤维／奚同庚等著．—上海：上海科学技术文献
出版社，2018
　（科学发现之旅）
ISBN 978-7-5439-7685-6

Ⅰ．① 奇…　Ⅱ．① 奚…　Ⅲ．① 纤维—普及读物　Ⅳ．
① TQ34-49

中国版本图书馆 CIP 数据核字 (2018) 第 159540 号

选题策划：张　树
责任编辑：王　珺
助理编辑：朱　延
封面设计：樱　桃

奇妙的纤维
QIMIAO DE XIANWEI
陈积芳　主编　奚同庚　等著
出版发行：上海科学技术文献出版社
地　　址：上海市长乐路 746 号
邮政编码：200040
经　　销：全国新华书店
印　　刷：常熟市文化印刷有限公司
开　　本：650×900　1/16
印　　张：13.25
字　　数：127 000
版　　次：2018 年 8 月第 1 版　2018 年 8 月第 1 次印刷
书　　号：ISBN 978-7-5439-7685-6
定　　价：32.00 元
http://www.sstlp.com

目
录

太空是孕育新材料的摇篮

～～～～～～～～～～～～～～～～～～～～～～～～～

　　20 世纪人类最伟大的创举之一就是摆脱地球的束缚，冲破大气层的阻拦，进入了"太空"这一前人从未到达过的全新疆界。1957 年 10 月 4 日，苏联成功地将第一颗人造卫星送入太空。1961 年 4 月 12 日，苏联航天员尤里·加加林乘"东方 1 号"宇宙飞船成功地进入环绕地球飞行的空间轨道，成为世界上第一个太空人。1969 年 7 月 20 日，乘坐"阿波罗 11 号"登月舱的美国宇航员阿姆斯特朗在月球上留下了人类的第一个脚印。近半个世纪以来，航天领域的每一次创举都使人类的探索精神得以升华。时至今日，国际空间站已成为世界上最具影响的空间活动。2003 年 10 月 15 日，我国"神舟五号"宇宙飞船将航天英雄杨利伟送入太空，使中国成为继俄罗斯、美国之后第三个独立地掌握了载人航

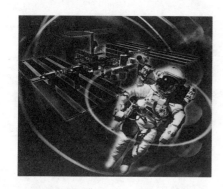

▲ 图 1　组建中的国际空间站

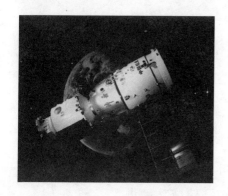

▲ 图 2　中国的"神舟号"飞船

天技术的国家，这一壮举极大地增强了中华民族的自信心和自豪感。

航天科技的迅猛发展，已经成为引领新科学新技术，带动国民经济发展的重要手段。空间科技成果在地面生产和生活中的推广和应用，正在不断改善和提高着人类的生活质量，使得空间科学及其应用成为当今人类最具显示度和影响力的活动。空间材料科学作为空间科学与应用领域中的重要分支，是传统的材料科学向空间环境的延伸，是发展材料科学新理论、探索材料制备新工艺和拓展材料应用新领域中最活跃的前沿性交叉学科之一。

目前的空间材料科学研究主要集中在利用空间的微重力环境上。那么，什么是微重力呢？在解释微重力概念之前，首先应从失重谈起。对于失重，人们早就熟悉。譬如，在电梯中急速下降和从高处跌落下来，都会在瞬间处于失重状态。卫星、飞船、空间站等航天器上有各种仪器设备，当它们在外层空间沿轨道飞行时，由于环绕地球旋转产生的离心力和重力近似达到平衡，所以这些仪器都长期处于失重状态中。随着研究的深入，人们逐渐认识到所谓的"失重""零重力"或"无重力"的环境是无法实现的。某种因素的干扰会造成重力加速度的

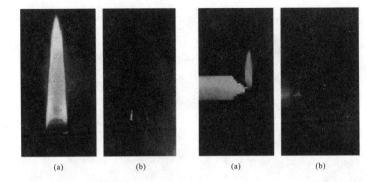

◀ 图 3 燃烧现象的
天地之别：（a）地
面（b）太空

变化，总是有微小的残余重力存在，不可能形成完全真正的"零重力"环境。因此，从科学和规范的角度来看，称"微重力"更为确切。

多年来，人们对重力场已经形成了许多传统的物理概念，并推导出一些公式，形成了物理规律，似乎已经建立起不可动摇的理论体系。但是，在空间微重力条件下，以往的科技知识就显得十分贫乏了。以司空见惯的燃烧现象为例，在地面重力环境中，点燃的蜡烛会熊熊燃烧，呈现如图3（a）所示的火焰。而在空间微重力条件下，点燃的蜡烛会呈现出如图3（b）所示的状态，这是由于在微重力条件下，重力引起的对流效应受到抑制，火焰得不到氧气的供给因而无法持续燃烧。再例如，在地面装有油、水和沙粒的试管中，沙粒总是下沉，而油滴总是上浮。而在空间微重力环境中，沙粒并不下沉，油滴也不上浮，三者可以实现均匀混合。总之，在微重力环境中，很多物理概念，包括流体中的对流与沉淀效应、浸润现象、热交换规律、摩擦及电泳等物理过程，

▲ 图 4　待发射的"神舟三号"飞船（左）和飞船上的多工位晶体生长炉（右）

都必须重建新的物理模型，总结新的规律，创建新的定理或定律。

　　空间的这种极其特殊的环境条件可以转化为可被人类利用的宝贵资源，成为众多领域开展深入研究的有效工具。仅以空间材料科学研究为例，在空间环境下制备具有重要科学和应用价值的少量贵重材料、关键的技术材料，以满足高新技术领域对特殊材料的需求，同时还可获得在地面用传统方法不能制备或合成的新型材料等。

　　发达国家一直对空间材料的科学研究给予高度的重视。自 1969 年苏联发射的"联盟 6 号"飞船首次搭载了名为"火神"的空间材料实验装置以来，经过几十年的不懈努力，国外空间材料科学领域已经取得了一批研究成果，并展现出美好而诱人的应用前景。

　　我国的空间材料实验装置研制始于 20 世纪 80 年代末，虽起步较晚，但已取得长足发展。在我国载人航天工程中，应用系统的多工位晶体生长炉就是一种适合在"神舟号"飞船上进行空间材料生长研究的通用装置。该装置由中国科学院上海硅酸盐研究所等单位联合研制，能在一次空间飞行任务中完成半导体光电子晶体、氧化物功能

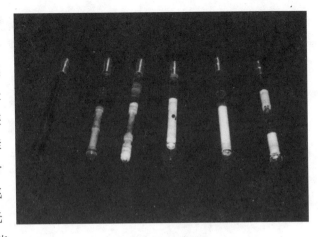

▲ 图5 "神舟三号"飞船上制备并安全回收的实验样品

晶体、金属及合金、非晶与复合材料等多种不同材料的空间实验需求。该装置曾先后参加了我国"神舟一号"、"神舟二号"和"神舟三号"飞船的空间飞行实验。在3次空间实验中，多工位晶体生长炉技术状态良好，圆满完成了空间飞行实验任务。

（刘　岩）

航天器"头盔"的防热材料

～～～～～～～～～～～～～～～～～～～～～～～～

　　当你在夏夜纳凉的时候，一定见到过划破夜空的流星。它那短促而明亮的光辉像昙花一现，瞬即消逝。大家知道，这是流星与大气摩擦生成的高温使流星燃烧而发出的光焰。

　　有人曾经计算过，一个质量仅 1 千克的流星，如果以第一宇宙速度（每秒 7.91 千米）冲入大气层，相互摩擦生成的总热量竟高达 117 万焦耳。实际上，大多数流星的速度要比第一宇宙速度高，摩擦生成的热量足以把流星烧成灰烬了。

　　航天器、宇宙飞船（载人或不载人）或者洲际导弹返回地球时也要经历与流星类似的遭遇。而且，由于宇宙飞船舱和洲际导弹的质量大得多，摩擦生成的热量就更惊人了。以一艘几吨重的宇宙飞船为例，当它以每小时超过 20 000 千米的速度（略大于音速）重返大气层的时候，它的能量抵得上 40 列满载疾驰的火车，这些能量将在宇宙飞船舱返回地球稠密大气层的过程中，与空气摩擦而转变成惊人的热能，以致宇宙飞船头部附近的空气温度竟高达摄氏五六千度以上。我们通常称之为气动加热。难怪有人把宇宙飞船重返大气层比喻成闯过"火烧关"。

所有元素中碳的熔点最高，但也只有 3 700 ℃，实在难以经受"火烧关"的考验，还是大自然给了我们解决这一难题的启示。当人们分析陨石——这些宇宙中飞来的"不速之客"的化学成分时，有趣地发现陨石的表面虽已发生过熔融，但里面的化学成分并没有发生明显变化。这个现象告诉我们，陨石下落过程中尽管表面经受几千度的高温而炽烈地燃烧，但由于穿过大气层的时间很短，摩擦生成的热量都消耗在陨石表面的燃烧中了，所以传到陨石内部的热量很少。

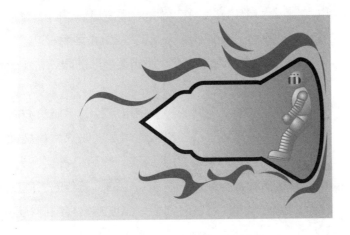

◀ 航天器头盔示意图

那么，我们可不可以给飞船或洲际导弹的头部戴上一顶特制的"头盔"，让重返大气层时产生的巨大的气动热绝大部分消耗在"头盔"上，从而保护飞船和导弹安然闯过"火烧关"呢？循此思路，人们找到了一种防热材料做成的"头盔"，帮助飞船和导弹闯过了"火烧关"。

防热材料种类不少，但都有一些共同的特点：导热系数低，即隔热能力大；比热容大，即每克物质升温1℃所需要的热量多；热发射率大，即材料向外辐射热量（散热）的本领大。这些都大大减少了通过防热"头盔"传导到飞船或导弹头部内的热量。不过最主要的是防热材料都有共同的"看家本领"：当防热"头盔"高速闯入稠密大气层进入"火烧关"的时候，防热材料受热从固态变成液态的熔解热，从液态变成气态的汽化热，或从固态直接变成气态的升华热都很大，从而在防热"头盔"不断烧蚀过程中能吸收大量的热量。第一层烧蚀掉了，第二层再烧蚀……每一层都吸收了大量的热，就是不让气动热量大量传入飞船或导弹内部。最后，防热材料虽然"粉身碎骨""壮烈殉职"，却使飞船和导弹闯过"火烧关"，安然返回地球。这种"风格很高"的防热材料也称为烧蚀材料。

苏联发射的"东方3号"宇宙飞船的宇航员波波维奇曾绘声绘色描述了飞船进入大气层时防热材料烧蚀的壮丽情景：透过舷窗看到了烟雾，然后又看到了火焰，颜色极其壮观，有红色的、金黄色的、蓝色的，同时还伴有"噼啪"声，而这时飞船内温度却始终维持在正常水平。

　　烧蚀材料有的是有机和无机材料的复合材料，有的则是无机材料的复合材料，但都含有纤维材料。这是因为飞船或导弹头部高速冲入大气层时，除掉高温高热外，还有速度快得可怕的气流从它表面上冲过去，就是所谓的超高速超高温气流冲刷，纤维能起到一种像骨架那样的补强作用。烧蚀材料中的有机树脂易产生升华，所以是一种飞船常用的能消耗大量热量的材料。洲际导弹进入大气层速度更快，对烧蚀材料的要求更高。

　　航天器的防热"头盔"的厚度要恰到好处。太薄了，在通过大气层烧蚀时会烧穿，造成船（弹）毁人亡的严重后果；太厚了，重量增加，减少了航天器的有效载荷。因此，防热"头盔"的厚度和重量要通过大量实验的热计算，进行精打细算地设计，做到"斤斤计较"，因为每增加一份重量，运载火箭的推力就要增加几十倍。

（奚同庚）

宝石世界

～～～～～～～～～～～～～～～～～～～～～～

　　说起宝石，人们立刻就会在脑海中浮现出那些五光十色、晶莹璀璨的颗颗小玩意儿。要知道在世界上已经发现的 2 000 多种矿物中，仅有少数几十种矿石能切出宝石来。由于宝石的瑰丽、稀罕、珍贵，古代人们曾把它看作是伟大、神秘力量的源泉，把宝石佩戴在身上，作为克邪护身的法宝。宝石还是一种艺术珍品，与古董、钱币、邮票一样备受收藏家的宠爱，当然更多的宝石是作为装饰品而存在的。随着人造宝石技术的发达和人们生活水平的提高，宝石除了被制作成传统饰品外，现在甚至连钢笔套、别针、眼镜框架、领带夹针上都要镶嵌几颗宝石。

　　硬度是宝石最基本的条件，如果宝石太软，就很容易擦伤，甚至被破坏。享有"宝石之王"美称的金刚石就是因为它的硬度在迄今发现的矿物中成为绝对的冠军。不言而喻，宝石的颜色也是十分重要的。有时两颗宝石就是因为颜色的差别，可使它们的价值有天壤之别。颜色是由于材料对光的吸收的不同而形成的，阳光是由红、橙、黄、绿、青、蓝、紫七种颜色的光混合而成的，阳光射入红宝石时，其中的蓝黄绿等颜色光被它吸收，剩下的红光射入人们的眼中而使人感觉到红色。无色宝石不吸收射入的光，金刚石就是一种无色宝石。有时，由于宝石中含有各种杂质而使它着色，例如水晶就有绿色、紫色、棕色等多种颜色。

从矿中开采出来的宝石，必须经过精心加工，才能成为漂亮的装饰品。对于无色宝石来说，它的加工尤为重要。例如金刚石俗称钻石，它的身价昂贵，除了上面讲的"坚硬无比"之外，就是它的五光十色。光学上有一种叫做色散的现象，例如一束白光通过一个玻璃棱镜后，分成了红、橙、黄、绿、青、蓝、紫七道光，这就是色散现象。经过特殊的设计和琢磨，将钻石表面加工成许许多多小面，光线射入钻石后，就会出现很强的色散现象，因而人们就

▼ 红宝石和蓝宝石饰品

▲ 有色宝石头饰

看到了五颜六色。金刚石之所以光耀夺目是因为它有很强的折光本领，光线射入金刚石后经过折射，强烈地作用于人眼，人就看到了它璀璨夺目的光彩。目前，宝石的加工技术已经达到了登峰造极的地步。利用电脑控制的全自动设备按预先设计的图案，在一颗小小的钻石上竟然能奇迹般地加工出一百多个小面。现在，连不太昂贵的宝石也普遍采用这种刻面技术，使宝石更加惹人喜爱。

随着人们生活水平的提高，自然界埋藏的宝石已远远满足不了人们对装饰的需求。早在 17 世纪，科学家们就开始对各种各样的矿物进行了研究，并在实验室里模仿各种地质成矿条件，进行人造宝石的研究。在人造宝石的大家庭中，最早问世的是红宝石。1900 年法国化学家维纳尔发明了生成红宝石的技术，图 1 是他最早使用的炉子，图 2 是这炉子的示意图。上方料仓中的氧化铝粉经敲击落下，经氢氧焰高温熔化后，滴落在下方的支座上冷却析晶，就得到了红宝石。现代人造红宝石的生产仍沿用着这种古老的工艺原理，当然生产控制是自动化的。人造红宝石的性质与天然红宝石没有多大差别，单凭肉眼是很难鉴别的。与此同时，人们还培育出了白宝石、尖晶石等宝石。白宝石与红宝石都是氧化铝单晶体，只是红宝石中含有少量的铬，使它变成了红色。

天然的金刚石是很少的，更不用说大颗粒的金刚石了。19世纪初，意大利佛罗伦萨科学院的几个院士打算用放大镜对它的折光性能进行研究，当聚焦后的太阳光照到金刚石上时，突然冒出一缕青烟，转眼间金刚石就不翼而飞了！后来人们才弄明白，金刚石是地壳内部的碳在高温高压条件下经过漫长岁月形成的。经过科学家们的努力，1955年美国一家公司宣布在高温超高压设备中合成出了人造金刚石，它的硬度和发光本领与天然金刚石一样，但当时得到的人造金刚石的颗粒是很小的。现在虽然细颗粒人造金刚石的生产技术已经成熟，但由于生成大颗粒人造金刚石的技术要求高，难度大，得率低，所以大颗粒的人造金刚石的价格也十分昂贵。

宝石级的金刚石的制造十分困难，所以人们一直在寻找金刚石的代用品。20世纪80年代，苏联科学家发现了一种以氧化锆为主要成分的人造宝石。他们在实验室里模拟火山喷发的装置，在3 000 ℃温度下，使锆和其他组分生成化合物，然后逐渐冷却得到了氧化锆宝石。这种氧化锆宝石的光学性质与金刚石十分接近，色散本领比金刚石还好一点，硬度虽不及金刚石，但也不软，特别是价格较便宜，所以很受人们欢迎。

在宝石制造过程中，人们还想方设法做成不同颜色

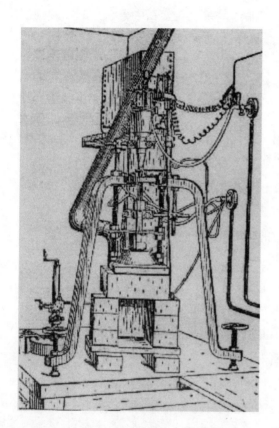

▲ 图 1　维纳尔最早使用的焰熔炉

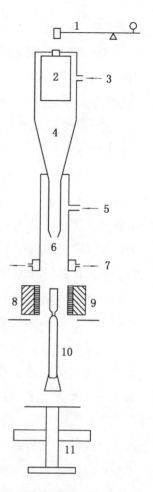

▲ 图 2　维纳尔焰熔炉示意图

的宝石，即在制造人造金刚石时，掺入不同的元素以使无色的金刚石着色。如掺氮会得到绿色金刚石，如果掺入的氮的浓度低时会得到黄色的金刚石，掺入硼则得到蓝色的金刚石。此外，还可将天然宝石进行"改造"，以提高它们的身价。例如将天然出产的色泽较差、品位较低的氧化铝宝石掺拌一定量的硼酸盐或磷酸盐，经高温处理，就会得到色彩十分鲜艳的价廉物美的宝石，这种宝石受到人们的青睐，成为市场上的抢手货。天然无色水晶经高能射线辐射，可得到紫色水晶、玫瑰水晶等，它们都是很贵重的宝石。

除了上面提到的红宝石、金刚石、氧化锆宝石以外，还有像蛋白石、天青石、绿柱石、翡翠等，随着宝石合成技术的发展，其中不少也都能用人工方法制造出来了。

人造宝石是用于装饰的一大类人工晶体的总称，实际上它们还具有许多优异的光、电、声、磁等性能，因而在现代科学技术中有着广泛的应用价值，是发展激光、电子、信息、通讯、航空航天等高新技术不可缺少的重要材料。

（李培俊）

 知识链接

人工宝石

人工宝石：完全或部分由人工生产或制造，用作首饰及装饰品的材料统称为人工宝石。包括合成宝石、人造宝石、拼合宝石和再造宝石。

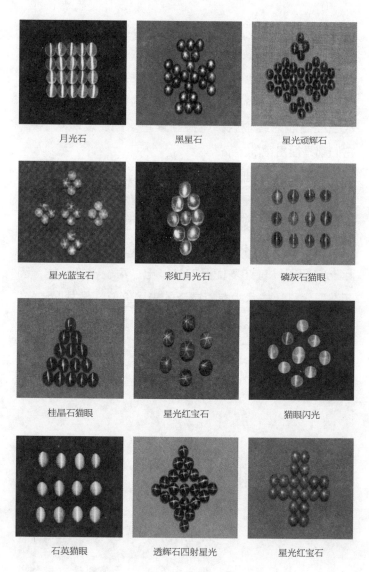

月光石	黑星石	星光顽辉石
星光蓝宝石	彩虹月光石	磷灰石猫眼
桂晶石猫眼	星光红宝石	猫眼闪光
石英猫眼	透辉石四射星光	星光红宝石

▲ 宝石的"猫眼闪光"和"星光"

1. 合成宝石。完全或部分由人工制造，且自然界已有已知对应物的晶质体或非晶质体，其物理性质、化学成分和晶体结构与所对应的天然宝石基本相同。如合成水晶等。

2. 人造宝石。由人工制造，且自然界无已知对应物的晶质体、非晶质体称作人造宝石。

3. 拼合宝石。由两块或两块以上材料经人工拼合而成，且给人以整体印象的珠宝玉石称作拼合宝石，简称拼合石。如拼合欧泊。

4. 再造宝石。通过人工手段将天然珠宝玉石的碎块或碎屑熔融压结成具整体外观的珠宝玉石。如再造琥珀、再造绿松石等。

人工晶体家族中的新宠儿——闪烁晶体

新技术的飞速发展，要求具有各种性能的晶体材料，而自然界蕴藏的晶体不论在质量上、数量和品种上都满足不了需要，因此科学家就模拟自然界的成矿条件，采用人工方法来培育晶体，这就叫作人工晶体。

人工晶体种类繁多，五花八门，这里要介绍的，是近年来日益受到人们青睐的一大类晶体——闪烁晶体。

说到闪烁晶体，人们会感到陌生。我们知道，当高速度运动的电子流轰击某些固体物质时，被轰物体能发生一种看不见的电磁波，叫作X光。X光的穿透本领是很大的，无论是人体的组织，还是几厘米厚的钢板，它们都能畅通无阻，因此可用来进行医疗诊断、工业探伤和物质分析等。但从X光管发出的X光，人们是看不见的，可是当它照射到一个荧光屏上就会发出荧光来，这

▲ 大型集装箱正在接受核探测器检查的示意图

样医生就看到了 X 光透视人体的情况；同样，质量检验员就可了解到被检物体内部质量有没有问题，这个荧光屏就起到了把人眼看不见的 X 光转变成看得见的光线的作用。这些能在 X 光照射下激发出荧光来的材料叫作闪烁材料。当然，闪烁材料除了在 X 光照射下会发出荧光外，其他像放射性同位素蜕变产生的高能射线如 α 射线、β 射线照射它时也会发出荧光来。人们利用闪烁材料的这种特性做成了测量各种射线的探测器，即当高能射线照射到探测器上后，闪烁材料便发出荧光，射线愈强，发出的荧光愈强。这荧光被光电转换系统接收并转变成电信号，经过电子线路处理后，便能在指示器上指示出来，因此人们将这种探测器比喻为看得见 X 光和其他高能射线的"眼睛"。

通常应用的无机闪烁晶体材料都是用人工方法培育出来的，种类也很多，从化学成分来讲有氧化物、卤化物等。当然生成出来的晶体还要经过切割、研磨、抛光等加工以后才能使用。

无机闪烁晶体由于具有能探测射线的本领而广泛应用于高能物理、核物理、放射医学、地质勘探、防爆检测等领域，成为人工晶体家族中的新宠儿。

以研究基本粒子为对象的高能物理学家为了探求物质质量的渊源，耗巨资建造大型加速器，例如瑞士日内瓦欧洲核子研究中心的大型强子对撞机，其中央部位叫电磁量能器，是对撞机的"心脏"，它就是采用钨酸铅闪烁晶体做成的射线探测器，共需7万多根大尺寸钨酸铅晶体。钨酸铅晶体受射线轰击后产生的脉冲光寿命非常短，只有几亿到几十亿分之一秒，其抗射线辐射的能力强，所以特别适宜于制造超高速核探测器。

工业用计算机断层扫描技术（工业CT）在工业中的应用愈来愈受到人们的重视，不仅成为工业设备或部件无损检测的新手段，而且正在迈入工业生产过程的在线实时质量监控和工业设备在不停产情况下的安全检查等领域，例如热轧无缝钢管的在线质量监测、发电机组的汽轮机在高温高压运行状态下的安全检查等。工业CT和医用CT的基本结构和原理是相似的，也包括放射源、探测器、电子学系统和计算机系统等，其中射线探测器就是采用闪烁晶体做成的。

在交通运输中，因旅客携带易爆物品酿成惨祸的事故屡有发生，国际恐怖分子用隐蔽爆炸物进行讹诈恐吓、劫持飞机的事件也时有发生，还有不法分子利用集装箱走私武器、爆炸物、毒品、贵金属等活动也日益猖獗，怎样才能及时、准确地加以识别是长期以来困扰人们的一个难题。就拿爆炸物来说，像塑料炸弹之类的甚至可做成薄片，伪装成行李箱的衬板。爆炸物的成分与通常的衣服、塑料一样，都含碳、氮、氧和氢，采用常规的分析探测手段是很难加以区别的，现在人们正在借助核探测技术来解决这个问题。采用的方法是将行李放在中子场中，如果行李中有隐藏的爆炸物，则中子与爆炸物发生作用产生 γ 辐射，这时由闪烁晶体做成的探测器便会输出信号。此外，也有采用高能 γ 射线来辐射行李的方法，测量透过的 γ 射线。如果行李中隐藏有爆炸物，则穿透过的 γ 射线强度大为减弱，通过闪烁晶体做成的 γ 探测器的探测就能明察秋毫。集装箱在通过安装有闪烁晶体探测器的检查系统时，就不用停车开箱检查，不仅提高了检查的准确性，而且大大提高了通关效率，加快了物流速度，其社会和经济效益都是很大的。

采用无机闪烁晶体制成的 γ 射线探测器还可用于石油勘探。当钻井找油时，人们根据探测器接收到的来自岩层的地质信息，就可判断有无石油、石油的储量以及能否从岩层中开采出来。

上面谈到的各种核探测技术的应用，人们可以看到它就是凭借探测器中的无机闪烁晶体来感受射线的，因此无机闪烁晶体在核探测技术的推广应用中起着举足轻重的作用，越来越受到人们的重视。

（李培俊）

生物材料探秘

～～～～～～～～～～～～～～～～～～～～～～

　　在我们的生活中，有的人口腔中装有假牙，有的人由于各种伤残不得不装上了假肢，甚至进行了关节替换。假牙、假肢、人造关节等都属于生物医用材料。顾名思义，它是指用于生理系统疾病的诊断、治疗、修复或替换生物体组织或器官，增进或恢复其功能的材料。

　　生物医用材料的历史可追溯到公元前约 3500 年，当时古埃及人就利用棉花纤维、马鬃作缝合线缝合伤口，这些棉花纤维、马鬃可称之为原始的生物医用材料。墨西哥的印第安人则使用木片修补受伤的颅骨。中国、埃及在公元前 2500 年前的墓葬中就发现有假牙、假鼻、假耳。其实，人类很早就用黄金来修复缺损的牙齿。文献记载，1588 年人们就用黄金板修复颚骨，1775 年就有用金属固定体内骨折的记载，1800 年有大量有关应用金属板固定骨折的报道，1809 年有人用黄金制成种植牙齿，1851 年有报道使用硫化天然橡胶制成的人工牙托和颚骨。

现代社会，随着人口老龄化越来越严重，以及工业、交通、体育等导致的创伤逐渐增加，人们对生物医用材料及其制品的需求越来越大，生物材料在我们的生活中扮演着越来越重要的角色。

生物陶瓷是生物医用材料的重要组成部分，在人体硬组织的缺损修复及重建已丧失的生理功能方面起着重要的作用。早在 1808 年，人们已将陶齿用于镶牙。1892 年权斯门发表了第一例临床报告，使用熟石膏作为骨的缺损填充材料，这是陶瓷材料植入人体的最早实例。20 世纪 60 年代和 70 年代是生物陶瓷材料研究比较活跃的一个时期。其间，1969 年美国佛罗里达大学的亨西教授成功地研制了一种生物玻璃，可用于人体硬组织的修复，能与生物体内的骨组织发生化学结合，从而开创了一个崭新的生物医用材料的研究领域——生物活性材料。20 世纪 70 年代以后，人们又对人体可吸收陶瓷——磷酸三钙进行了大量研究，现在已成功应用于临床。目前，生物陶瓷材料已广泛用于人工牙齿（根）、人工骨、人工关节、固定骨折用的器具、人工眼等。

谈到生物医用材料，羟基磷灰石是生物陶瓷的典型代表，它是人体自然骨和牙齿中的主要无机组分。在骨质中，羟基磷灰石大约占 60%，它是一种长度为 20～40 纳米、厚度为 1.5～3 纳米的针状结晶，其周围规则地排列

CPC+Drug

磷酸钙
人工骨
(CPC)

药物
(Drug)

均匀体系　　非均匀体系

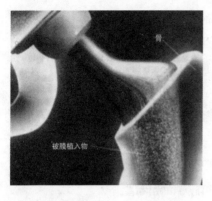

▲ 表面为纳米粒子膜的人造髋关节

着骨胶原纤维。齿骨的结构也类似于自然骨，但齿骨中羟基磷灰石的含量高达97%。

羟基磷灰石属磷酸钙基生物陶瓷，早在1871年就已被人工合成，但由于技术限制，直至1971年才有羟基磷灰石生物陶瓷的成功报道，并迅速扩大到临床应用。

羟基磷灰石生物陶瓷具有良好的生物相容性，植入体内不仅安全、无毒，还能传导骨生长，即新骨可以从羟基磷灰石植入体与原骨结合处沿着植入体表面或内部贯通性孔隙攀附生长。另外，羟基磷灰石对大部分人体蛋白质具有亲和性，在水溶液和体液中能保持稳定。但是，任何一种材料都不是完美的，羟基磷灰石也是如此。由于它韧性较低，抗疲劳强度差，因此目前也仅限于不承受重力的部位。

纳米技术的兴起为材料的发展注入了新的活力，也为羟基磷灰石的发展开拓了新的天地。通常意义上的纳米材料指的是颗粒尺寸为1~100纳米的粒子组成的新型材料。由于它的尺寸小、比表面大及量子尺寸效应，使之具有常规粗晶材料不具备的特殊性能，在光吸收、敏感、催化及其他功能特性等方面，展现出引人注目的应用前景。纳米技术与生物材料的结合便产生了纳米生物材料。据报道，在我国，有一种全新的骨置换材料将取代现在冰冷的金属和脆弱的塑料等材质，用几乎可以以假乱真的效果为病人送去福音，这就是纳米人工骨。纳米人工骨是用具有纳米晶粒尺寸的羟基磷灰石和胶原蛋白等有机材料复合制成的，目前这一技术具有世界一流水平，其成果已通过我国高新技术项目验收。专家认为，这种纳米材料在生物活性、柔韧性以及强度等方面都和人体组织接近，今后将在颅骨、脊椎骨、颌骨、肋骨、髂骨、关节及喉管支架、穿皮器件与修复领域有着十分广阔的应用天地。

目前纳米人工骨材料正被研究用于制作人工眼球，并且有了良好的开端。经动物实验证实，这种用纳米生物活性材料制成的可动眼球外壳，完全能和组织相容，并能与肌肉血管紧密地生长在一起。与这种材料相比，用陶瓷生物材料制作的可动眼球外壳太脆，金属材料又太硬了。可以肯定，纳米眼球已具有很好的可动功能，如果仅用于美容，这种眼球已相当成熟了。但医学家还有更高的追求，他们正在为达到可视的境界而不懈努力。纳米骨、纳米眼球的研制成功标志着纳米技术在生物材料上的成功应用，相信不久的将来，将会出现更多的诸如纳米皮肤、纳米假牙、纳米食管等新产品。

（赵　莉）

PTC 半导体陶瓷——暖风机的"心脏"

人们冬天取暖常用到 PTC 暖风机，夏天晚上用到 PTC 电热驱蚊器，这两个产品中的心脏部件均为 PTC 半导体陶瓷。常见的暖风机有 3 种类型：电阻丝加热、石英管红外加热、PTC 陶瓷热风机。PTC 暖风机的主要优点是：没有明火、不消耗氧气、不会过热、节能。它的热效率很高，可达到 96%，而电阻丝及石英管则分别为 60% 及 40%。最近，为了节能，有报道称上海将在广泛使用的饮水器中用 PTC 加热器，以达到节能的目的。PTC 陶瓷的特性中，有一个看来很简单的电阻温度特性，如图 1 所示。

在室温附近它为半导体，电阻很低，电子可自由流动和迁移，当加上电压 V 后，就产生电流 I，其发热功率 = $V \times I$，通过不断加热，温度上升到一个转折温度 Tc

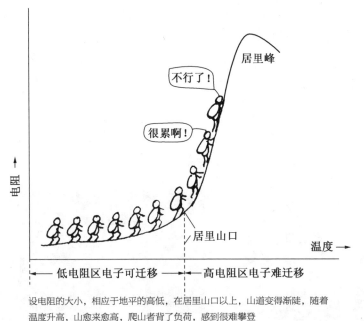

設电阻的大小，相应于地平的高低，在居里山口以上，山道变得渐陡，随着温度升高，山愈来愈高，爬山者背了负荷，感到很难攀登

处（Tc 称作居里温度），这时材料本身的电阻突然猛增几万或几十万倍。从图 1 可见，像突然耸起的山峰一样，这时电子流就遇到很大的阻碍，由于电阻很大，使电流或加热功率迅速下降为极小值，发热体将降温冷却。当冷却至温度低于 Tc 时，电阻又变小，电流及功率又增大，使发热体再次恢复升温。这样往复变化，最后达到平衡温度（通常 220～240 ℃）。PTC 陶瓷在 Tc 以下的温度区内为低电阻，是很好的发热体；超过 Tc 温度，它就出现高电阻，使温度不能过热，起一个控温开关的作用。所以 PTC 陶瓷既是一个发热体，又是一个控温器，即：PTC 陶瓷＝发热体＋控温器。它对环境温度及外加电压

的高低均可响应：当环境温度高时它供热少，当环境温度低时它供热就多，即按需供热。当外加电压低时，它电流大，电压高时则电流小，因而使用的电压范围很宽，110～220伏均可。

PTC陶瓷在Tc温度以上的温区，电阻会逐渐增高的效应称为PTC效应（英文含义：正温度系数）。为什么在Tc附近温度时，电阻会突然猛增呢？这是由于在Tc温度

保温热碟

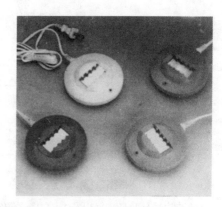

驱蚊器

暖风机

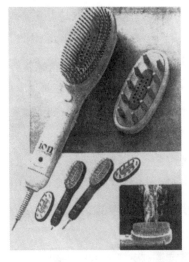
蒸汽木梳

PTC 暖脚脚踏板

▲ 图 2　几种 PTC 产品图

附近，材料发生了晶型转变（相变）：从低温的四方晶型（半导体）变成高温时的立方晶型（绝缘体），就像冰在 0 ℃转变成水一样，也是一种相变。

利用 PTC 效应可发展许多方面的应用。

除暖风机外，北方地区天气寒冷，许多超市或店铺门口，常采用热风门帘以隔开寒风，这就可用 PTC 散热器，其功率可达十几千瓦。其他的加热应用：保温热碟，茶杯或牛奶放在热碟上，可以保温且不需要很大的功率。驱蚊器也是利用 PTC 加热器，使驱蚊药片或药水受热，按一定速率挥发，功率仅 5 瓦，即使在早上忘记关电源，也不会发生危险，这充分说明其安全可靠性。保温饭盒可为室内外车船上的工作人员或学生，供应温热食品。

生活中，人们离不开电冰箱及空调器，这类设备均需用到压缩机，它们要不停地启动及停止。启动时要求大的启动电流和启动转矩，当启动后进入正常运行时，则该电路断开。开启和断开的动作须往复循环许多万次，利用 PTC 马达启动器即可完全满足要求，动作达数十万次。人们在享受空调及电冰箱时，PTC 元件正在日日夜夜地为您服务。

电视机中的鲜明色彩是由电子束的偏转完成的，但如外部有杂散磁场，就会影响电子束，使彩色及图像扭曲。利用 PTC 消磁器所提供的大冲击电流，就可消除杂散磁场，所以电视机开机时也离不开 PTC 消磁器。

电话线路遇到意外短路或雷击时，会产生强大的感应电压。有时高压线碰上电话线等情况，也会产生过电压或过电流，损毁程控交换机电路，使通讯中断。当引

▼ 各种 PTC 发热元件（中国广东龙基公司）

入 PTC 限流器及变阻器后，如发生过压过流时，它的电阻立刻猛增，使电路中断，从而保护电路不受损伤，故障过去后它的电阻立刻下降，从而恢复通路。不像保险丝损毁后，要在复杂线路中寻出损坏的保险丝进行调换，非常繁复而费时。

美发、美容是女同胞日常生活中的重要内容，PTC卷发器及烫发器因具有恒温发热、不伤头发、使用安全等优点而受到广泛欢迎。一种面部桑拿浴器用 PTC 元件加热水，形成蒸汽，用来蒸熏面部皮肤，使面部血液循环加强，消除毛孔污垢以美容。如在水中加入药剂，还可达到保健作用。利用类似原理，日本松下公司制成了蒸汽木梳，梳理头发时可护理头发，已大量销售。

（祝炳和）

奇妙的压电陶瓷

~~~~~~

　　什么是压电陶瓷呢？可以用生活中比较常见的压电打火机来说明它。压电打火机中用到两粒柱状压电陶瓷（Φ2×4毫米），当人们使用打火机时，弹簧力施到压电陶瓷上，就产生电荷，形成高电压。这种瞬间高压通过电路中的间隙时，就会高压放电而发生电火花，从而点燃气瓶中的易燃气体（丁烷）。家庭中煤气灶点火，也常用压电点火。这种压力所产生的电压很高，例如500千克/平方厘米的压力，可形成5～15千伏/厘米的电压。

　　这种能在压力作用下产生电荷的陶瓷，称为压电陶瓷。压力产生电荷的效应，称正压电效应。而反过来，施加电信号，陶瓷中也会产生机械振动，称之为逆压电效应。因此压电陶瓷可做成换能器，通过它可以把机械能变成电能，也可把电能变成机械能。为什么向压电陶瓷施加压力就能产生电？因为当无外力作用时，材料内的正负电荷中心是重合的，正负电荷抵消，故材料整体不显带电。但当施加压力时，材料会发生形变，使正负电荷中心不重叠，从而引起材料表面带电：一面带正电，另一面带负电。

利用上述的压电效应，可开发很多应用。前述的压电点火，还可用作引信引爆。作战中的反坦克火箭，弹头一碰到坦克钢板就应立刻爆炸，而不应该落地后再爆炸（但通常的引信常延时爆炸）。利用压电引信可瞬间爆炸。在珍宝岛战役中，40 火箭筒中就应用了压电激发装置及压电引信，40 火箭筒曾大批生产，为保卫边疆立下了汗马功劳。民用方面，我国的压电打火机产量已压倒日本，居世界前列。

在大气中，人们依靠无线电波（雷达）进行通信，然而在水下或地层中，无线电波的波长较短，频率较高，易被吸收而衰减，故无法使用。而声波或超声波的频率较低，波长也较长，因此衰减比较少，可传播很远。利用压电陶瓷做的声呐系统用于水下侦察，好比千里眼、顺风耳：当发出声信号，接收回波，就可判断目标的远近和方位，能进行水下通信、导航、侦察、探雷等工作。在海岸安装声呐阵列，就可了解水下敌情，对广大海域内的水下动静了如指掌。早些年，我国渤海渔民曾发现海面上有漂浮电

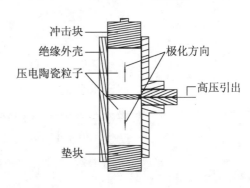

▼ 点火压电元件安装示意图

冲击块
绝缘外壳
压电陶瓷粒子
极化方向
高压引出
垫块

缆，后来才知道是敌方潜艇进入了我海域。当我海岸安装了声呐站后，敌潜艇再也不敢闯进我领海了。压电陶瓷做的渔探器可通过探测水下鱼群，确认鱼的品种，指导渔民有效捕鱼。压电测深仪可测水深，测地震仪可了解远处地震情况。建造大桥或巨型建筑物常常要耗费巨资，利用压电传感器可以监视它的"健康"情况，并将数据传入远程电脑，做到大桥或大厦有险情时可以及时"呼救"。测漏仪可检查地下水管泄漏地点。石油勘探中，测井仪可了解地下含油层的位置。我们要看电视，就要用到超声遥控器，它具有控制开关、选频道、变化音量等功能。压电陶瓷做的超声波探头，可发射声波进入人体，接收回波后，可在屏幕上看到软组织图像（肝、心脏、胎儿等）。还可做成血压计、心音计、脉象仪等。稿子写好后要打印，就要用到喷墨打印机。这是利用打印的电信号脉冲，施加到墨水容器的压电陶瓷片上，使压电片尺寸变化，引起容器体积收缩，从而喷出墨点。

压电陶瓷还可做成话筒，在人讲话的声压作用下，陶瓷内会产生与人声音相对应的电信号并传输出去。压电元件配上电路，可成为蜂鸣器或电子乐器，产生优美动听的声音。蜂鸣器应用面非常广，产量极其巨大（以数十亿件计），如电子门铃、新年音乐贺卡等，它可以发送音乐及某些设备（电脑、洗衣机、电话）中的声信号。最近发展的声音合成器件，工作电压很低，如 2.8 伏可产生 100 分贝声压，功耗低，对磁卡无影响，音质优良，可用于对讲机、电子翻译机、立体声系统及手提音频装置。压电陶瓷元件植入人耳，将可能使聋人听到声音。

人们知道所谓马达就是能将电压输入而产生机械转动的机器。压电陶瓷在电场作用下，可产生机械伸缩，只要通过机械转换，就能使这种伸缩转换成转动或直线移动，这就是压电马达，又称驱动器。它比普通马达具有更多优点：响应快、转矩大、低噪音、易和电脑接口配接实现智能化，利用电池电压就可动作。因此发展了许多应用：照相机自动调节焦距，军用望远镜调焦，高速磁浮列车，微型医疗设备（如三维手术刀，它可使创口大为减小），汽车自动控制，导弹自动瞄准，导弹飞行时偏角的控制等。据了解，美军方花费了巨大力量研制所谓灵巧子弹，以达到百发百中。此外登陆火星的机器人的手关节也使用上了压电驱动器。

压电陶瓷制造的压电陀螺仪是自动控制系统中的基本元件，能抑制飞行器的横滚振动，保持飞行平稳，波音 747 等飞机均用过。又例如舰船上的跟踪雷达天线常因海上风浪而摇晃，使跟踪失灵而丢失目标。压电陀螺仪就可以克服这类摇晃的影响，提高各类飞行器（飞机、导弹、鱼雷、大炮）的稳定性，对跟踪的准确性起到决定作用。

压电陶瓷可制成变压器，现代人们广泛应用掌上电脑、手提电脑、数字摄像机等，均希望它们小而轻。这些设备中均用到液晶显示屏，其背景光源的照明电压达到 1 000 伏或 500 伏（启动电压及维持电压），要用高压变压器，但普通变压器尺寸既大且重，压电变压器就可

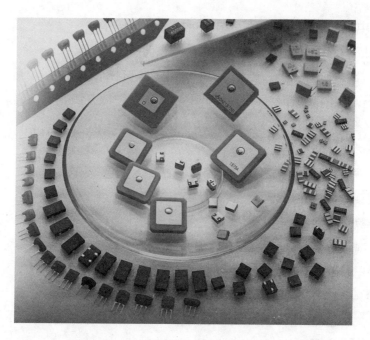

▲ 系列压电陶瓷元器件及微型元件，大量应用于通信设备及手机中

满足要求。它还可用于高压电棒、高压防盗、空气清新、臭氧消毒及复印机中的高压。目前压电变压器的世界年产值已达数十亿元。

压电滤波器是利用压电陶瓷的谐振效应，多用于通信电路中。它只允许一定频段的电波通过，而其余频段的电波则不能通过或完全被吸收。现代通信电路中缺少它就无法工作，调频及调幅收音机、电视中均离不开它。

（祝炳和）

夜光壁揭秘

~~~~~~~~~~~~~~~~~~~~~~~~~~~~~~~~~~~~

　　你也许看到过北京北海公园内的九龙壁，你也许朗读过"葡萄美酒夜光杯"的绝句。但是，你知道夜光壁吗？就是那种在漆黑的夜晚，表面有着精美艺术纹饰、能朦朦胧胧发光的壁。你听了也许会摇摇头，感到挺新鲜。不过，我要告诉你，让我们听了觉得不可思议的夜光壁确实有过，而且早在我国汉朝的古籍里就有了记载。但很可惜，我们现在再也看不到汉朝那种神奇的夜光壁了，它已被历史和岁月所销蚀和湮灭。

　　科学工作者对有关夜光壁的不多的文字记载，进行了分析、研究和推断，认为夜光壁之所以发光，是由于在夜光壁的表面加有一种含有萤石的无机物质。

　　萤石是什么？用现代的化学术语来说，萤石就是氟化钙。它有一个奇妙的特性：受热以后就能发射出光来。

夜光壁正是由于含有萤石——我们现代称之为热释光材料，才可能在夜晚闪烁出奇异的光芒。

夜光壁闻名于世，还因为夜光壁表面的涂层不单纯是保护底坯或底材，防氧化、防腐蚀和防水，也不单纯是为了装饰美的需要，它还是一种有物理效应的发光材料。

随着现代科学技术的发展，发光材料已发展到可由X射线、声、光、电、化学反应能和机械能等激发致光，并成为被应用于液晶显示、等离子体显示和微型监视器等高技术产业的主导材料。

目前应用于可见光显示方面的发光材料主要有电致发光材料和光致发光材料，其中光致发光材料由于不需要特殊的激励场而比电致发光更具优势。如果发光材料激发的光谱与发光材料发射的光谱均在可见光的波段内（0.4～0.8微米），那么，当晚上夜幕降临或者照明电突然断电的时候，发光材料就可以将原来蓄积的可见光激发能量转化为可见光发射出去，起到应急的作用。

新型发光材料需要具有寿命长、不易老化、效率高以及余辉时间（即受激励后的发光时间）长等综合性能。在这方面有代表性的是崭露头角的、用铕离子激活铝酸锶系长余辉磷光体材料，它具有亮度高和衰减时间长的特点，各种性能均优于传统的发光材料。而且，该类材料中主要原料之一是稀土，我国稀土储量世界第一，进一步开发发光材料具有得天独厚的资源优势。目前，已研发成功一系列铝酸锶长余辉磷光体材料，如将其添加

▲ 夜光壁示意图

到塑料、玻璃、陶瓷和涂料中，就可生产出夜光陶瓷、夜光玻璃、夜光涂料和夜光塑料等多种富有梦幻色彩的产品，这将大大美化我们的生活，把人们带入夜光杯和夜光壁的诗情画意中去。

现代发光材料比古代的夜光壁更上了一层楼，可谓青胜于蓝，但青又出于蓝，夜光壁可谓是现代发光材料的鼻祖了。

（奚同庚）

发光材料原理

发光材料种类不少，其发光原理也各不相同。夜光壁因受热而发光，属于热释光材料。其实，X射线、声、各种波长的光、电、化学反应能和机械能都可对发光材料激发致光。例如，作为纸币防伪用的荧光纤维在紫外光下发出荧光，是因为在这种高分子化合物的纤维中加入了在紫外光下可发出荧光的稀土元素（钪、钇和镧等）的化合物。再如，有一类光致变色的有机材料，在日光和不同光源的照射或加热下，会瞬间由一种颜色变成另一种颜色，或发生颜色深浅的变化。当停止光照或加热时，又会恢复到原来的颜色。它的原理很复杂，简单地说，太阳光由红、橙、黄、绿、蓝、靛、紫等七种色光组成，当光致变色有机材料在光的作用下，其内部结构发生了变化，从而能吸收太阳光中某些波段的色光，余下的色光则被材料反射到人的眼中，从而看到了这几种颜色的光。

神奇的纳米技术和纳米材料

～～～～～～～～～～～～～～～～～～～～～～～～

　　纳米（nm）是一个长度单位，一纳米等于一微米（μm）的千分之一。纳米粒子通常是指粒径小于 10～20 纳米的颗粒。

　　纳米技术的研究内容是在纳米尺度上研究物质的特性和相互作用，使人类认识和改造物质世界的手段和能力延伸到原子和分子。纳米技术的最终目的就是直接以原子和分子制造出具有特定功能的产品。纳米技术涉及的学科内容十分广泛，但代表纳米技术主流的只有几项，即纳米材料、纳米电子学和纳米医学。

　　正如牛顿力学只适用于宏观物体、高速运动只能用相对论解释，在纳米层次，许多原来在宏观尺度上使用的规律、定理、方式、方法都将不再适用。物质在纳米层次上表现出许多新的和有大幅度提高的物理、化学和生物特性。因此，人们利用纳米技术可以制造出具有各种各样特异功能的新材料。

基因　　　纳米颗粒　　　表面修饰层　　基因传递系统

▲ 纳米颗粒基因传递系统

　　例如，在高分子聚合物的氧化、还原及合成反应中，采用纳米铂黑、银、氧化铝、氧化铁等作催化剂，可以显著提高其反应效率。粒径为 30 纳米的镍粉可以使加氢或脱氢的反应速度提高 15 倍。这是由于纳米材料粒径小，表面原子数的比例增大。当粒径为 10 纳米时，表面原子百分数为 20%，而粒径为 1 纳米时，表面原子百分数增大到 99%，此时组成纳米晶粒的所有原子几乎都集中在表面上。由于表面原子周围缺少相邻原子，具有不饱和性，易与其他原子结合而稳定下来，故表现出很高的化学活性，这就是纳米催化剂高效的原因。

　　金属和陶瓷等多晶材料也有类似情况。纳米金属和纳米陶瓷由于晶界比例大大增加，产生了纳米材料的特殊性能。纳米材料和一般材料相比，不仅具有更高的强度和硬度，也具有良好的塑性和韧性。美国成功制备了晶粒为 50 纳米的铜块体材料，硬度比粗晶铜提高了 5 倍。普通陶瓷是脆性的，但许多纳米陶瓷在室温下就可发生塑性变形。

又如，纳米二氧化钛作为防晒剂广泛用于化妆品中。这是因为二氧化钛颗粒吸收紫外线的能力与其颗粒粒度有关，粒径为 20 纳米的二氧化钛吸收紫外线的能力比粒径为 200 纳米的二氧化钛要强得多。

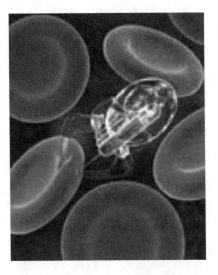

▲ 纳米机械人设想

纳米技术的其他应用还有很多。在医药方面，因纳米颗粒比红血球（6～9 微米）小得多，可以在血液中自由运动，因此可以注入各种对机体无害的纳米粒子到人体的各部位，检查病变和进行治疗。很多不溶于水的物质做成纳米粒子后可溶于水，这对中药发展有意义。因为中药之所以难以做成注射剂是因有效成分不溶于水，做成纳米颗粒就能溶于水中。

在能源方面，纳米碳管的直径为 10～30 纳米，长度为 150 纳米，是导电率良好的材料，经处理后可做成纤维，再制成相应的编织布作为电池的正负极板，比表面积可达 2 000 平方米 / 克，每根纤维上有上亿个小孔，可存储大量离子电量。

电动自行车的发展由于铅酸电池重量大、寿命短而受到限制。纳米碳纤维电池体积特别小，只有普通电池的 1/16，质量是其 1/7～1/10，而能量却是铅酸电池的 10 倍。纳米碳纤维电池的出现无疑给电动自行车带来新的生机和市场。

汽车尾气排放是城市空气污染的主要来源，因而电动车的开发成为热点。但如采用铅酸电池，一部 1.2 吨重的小轿车，电池重量就要达到 540 千克，一次充电只能跑 144 千米；如用氢镍电池，重量也要达到 450 千克，也只能行驶 210 千米，能源与载重比极不相称。只有采用纳米电池才能产生根本变化。一般电池的比功率只有 60～135 瓦 / 千克，而纳米电池可达 1 000 瓦 / 千克以上；一般铅酸电池寿命为 200～300 次，而纳米电池大于 1 000 次。以电动轿车为例，纳米电池一次充电可行驶483 千米以上，已具备了同汽油竞争的能力，而使用成本只有汽油车的 1/3～1/2，是未来的清洁能源。

　　纳米电池体积小、质量轻、能量大，可广泛用于微电子学。如外径为 1 毫米、厚度为 3 毫米的贴片电池，可用于电子手表、电子仪器、手机等。美国制成的能放在人体血管里的超微型马达，装上纳米碳电池可疏通人体血管里的脑血栓。

　　由于可做成超微型，纳米电池在军事上也有广泛用途，可用于导弹、潜艇、飞机、通讯、雷达、人造卫星等。一个放在项链里的窃听器，电池只有一克重，而工作时间可达两年之久；老式潜艇电池每个重达 1.6 千克、高 1.3 米，采用纳米碳纤维电池后重量只有 177 克，高38 厘米；背负式电台，老式的重 7 千克以上，主要重量来自电池，采用纳米碳纤维电池后只有 500 克。

　　虽然纳米技术的研究和应用还不成熟，离产业化还有距离，但纳米技术无疑将会像信息技术一样对人类生活产生广泛而又深刻的影响。但也应该看到，纳米技术与核技术一样也是一把双刃剑。纳米产品在生产和使用过程中存在安全问题。一些纳米粉体被吸入人体后，将对人的身体产生严重的负面作用。纳米技术在军事上如使用不当，人类和地球的生态环境将面临一场可怕的灾难。

（林祖缫）

 知识链接

纳米材料

　　纳米级结构材料简称纳米材料，是指其结构单元的尺寸介于 1 纳米～100 纳米范围之间。由于它的尺寸已经接近电子的相干长度，它的性质因为强相干所带来的自组织使得性质发生很大变化。并且，其尺度已接近光的波长，加上其具有大表面的特殊效应，因此其所表现的特性，例如熔点、磁性、光学、导热、导电特性等，往往不同于该物质在整体状态时所表现的性质。纳米金属材料是 20 世纪 80 年代中期研制成功的，后来相继问世的有纳米半导体薄膜、纳米陶瓷、纳米瓷性材料和纳米生物医学材料等。

灵敏的人工鼻——半导体气敏陶瓷

煤矿矿井发生瓦斯爆炸事故常常给国家、企业和家庭造成重大的生命财产损失。我国是世界上最大的产煤大国，拥有全球最大的采煤工人队伍，每年因为瓦斯爆炸所造成的直接损失接近 1 000 亿元，加上间接损失则接近 2 000 亿元。

如果能对这些有害气体做到早发现、早预报，从而将危险消弭于萌芽状态该多好啊！

为此，科学家研制出了专门探测、预报和监控这些有毒、易燃、易爆气体的"人工鼻"。

这种"人工鼻"的学名叫气敏检漏仪，它的"鼻子"是一块"半导体气敏陶瓷材料"。这种半导体气敏陶瓷是用二氧化锡、氧化铁、氧化钨、氧化铝、氧化锌等陶瓷材料经压制烧结而成的。它们通过有选择地吸附

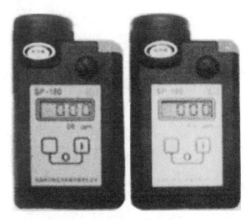

气体，使半导体气敏陶瓷的表面状态发生改变，从而引起它的电阻等物理化学性质的变化，以此确定某种未知气体及其浓度。当探测到某种气体时，气敏检漏仪就会自动发出警报。如氧化锌半导体气敏材料可检测氢气、氧气、乙烯和丙烯气体；在半导体气敏陶瓷中掺入铂作催化剂时，可以检测乙烷和丙烷等烷烃类可燃性气体；氧化锡气敏材料可检测甲烷、乙烷等可燃性气体；氧化铱系列材料则是测量氧分压最常用的气敏材料。

应用半导体气敏陶瓷材料制成的"人工鼻"灵敏度非常高，通常对百万分之一浓度的氢气即能显示。此外，这种"人工鼻"还具有响应快、稳定性好等优点，在一氧化碳、乙醇、煤气、苯、烷烃、氢气、二氧化硫等有毒、易燃、易爆气体的检测方面得到了广泛的应用。这种"人工鼻"被普遍应用于煤矿开采中的瓦斯，煤气输送和化工生产中管道气体泄漏，工厂车间、石油化工厂、造船厂、矿井隧道、浴室、厨房等处的可燃性气体和有毒气体的监测和报警等。

有了这种"人工鼻",矿井、工厂车间、娱乐场所和家庭再也不用为那些有毒、易燃、易爆气体提心吊胆了。因为只要空气中这些气体超标,就会发出警报,人们就可以采取通风、检漏、堵漏等措施化险为夷,使生命财产得到保障。

（林开利）

 ## 知识链接

半导体陶瓷

半导体陶瓷是具有半导体特性、电导率约在 $10^{-6} \sim 10^5$ S/m 的陶瓷。半导体陶瓷的电导率因外界条件（温度、光照、电场、气氛和温度等）的变化而发生显著的变化,因此可以将外界环境的物理量变化转变为电信号,制成各种用途的敏感元件。半导体陶瓷生产工艺的共同特点是必须经过半导化过程。

半导体陶瓷敏感材料的生产工艺简单,成本低廉,体积小,用途广泛。半导体陶瓷敏感材料——热敏陶瓷,指电导率随温度呈明显变化的陶瓷,主要用于温度补偿、温度测量、温度控制、火灾探测、过热保护和彩色电视机消磁等方面；光敏陶瓷，指具有光电导或光生伏特效应的陶瓷，主要用作自动控制的光开关和太阳能电池等；气敏陶瓷，指电导率随着所接触气体分子的种类不同而变化的陶瓷，主要用于对不同气体进行检漏、防灾报警及测量等方面；湿敏陶瓷，指电导率随湿度呈明显变化的陶瓷，它们的电导率对水特别敏感，适宜用作湿度的测量和控制。

"泰坦尼克号"海难的启示

你看过电影《泰坦尼克号》吗？看过海洋战争片中令人炫目的潜艇大战吗？你可能会疑惑，"泰坦尼克号"这样一艘号称"不沉之船"的豪华客轮为什么在撞上巨大的冰山之前没能及早发觉？而在海底战争中，漆黑一片，交战双方潜艇怎么能准确地识别并锁定敌方目标？原因在于，"泰坦尼克号"识别前方物体凭借的是航海员的肉眼，在观察上受天气和海员自身判断力的影响，而军事战争中的潜艇里安装了声呐装置系统，利用声呐技术来辨别水下的物体，准确性极高。我们假想，要是声呐技术早已发明并利用，"泰坦尼克号"也许就不会撞冰山而沉没了。

有所失必有所得，人类是聪明和善于吸取教训的。"冰海沉船"是人类历史上一次灾难性的航海事故，正是

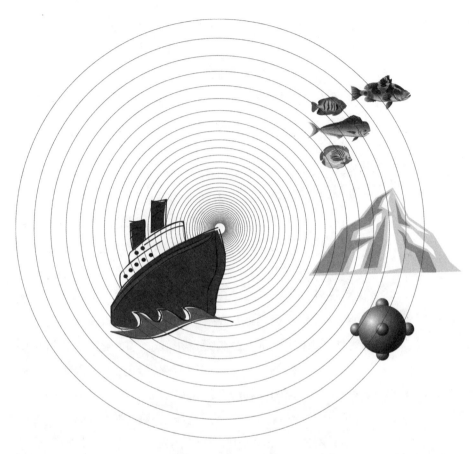

这次海难促使了人们对海底物体进行探测研究，所以，这次灾难在海洋研究领域中具有里程碑意义。英国气象学家理查逊首先提出可以利用回声来探测水底物体；美国无线电先驱费森顿教授在 1913 年率先通过试验，成功地研究出回声探测技术。利用回声探测技术可以有效地探测出海底暗礁、冰山及水下体积较大的物体，这极大地提高了海洋航行和运输的安全性。在第二次世界大战

▲ 声呐装置用正、逆压电效应实现海底探测

期间，交战双方共损失了 1 000 多艘潜艇，其中大部分潜艇就是利用声呐技术探测发现的。

声呐技术如此神通广大，它的工作原理是什么呢？我们知道，水是声音的良好传播介质，声波在水中传播的衰减很小，在深海中爆炸一枚几千克的炸弹，两万千米外还可以收到信号。声呐技术利用声波在水中能有效传输这种特性，通过一种特殊的压电材料发射声波，并感应从探测物表面反射回来的声波信号，来对水下目标进行分析定位。压电材料是声呐装置的心脏，压电材料具有压电效应特性，能够实现机械能与电能间的相互转换。压电效应有正、逆之分，正压电效应指的是压电材料在外力（如声波）的作用下可产生电极化现象，逆压电效应是正压电效应的相反过程，表示材料在外加交变电场的作用下能发生伸缩等形变。声呐装置主要就是借用压电材料的正、逆压电效应来实现探测的。声呐装置通过交变电场，利用逆压电效应使压电材料形变振动发射声波，反射回波再经过正压电效应产生电信号进行计算识别，来探测冰山、暗礁、沉船、海深、鱼群、水雷和潜艇等。

人们一般用压电常数、机电耦合系数等来表征压电材料的性能。压电常数的单位是库仑／牛顿（C/N），反映了外力和电场间的关系；而机电耦合系数表示的是压电材料机械能和电能之间的耦合关系，例如某种压电材料的机电耦合系数为 90%，说明该材料 90% 的机械能可转换为电能，而剩余 10% 的能量耗散损失了。声呐装置一般要求压电材料具有优异的压电常数和机电耦合系数，科学家们一直试图在自然界和实验室寻找或合成电学性能优良的压电材料。天然压电石英（$\alpha\text{-}SiO_2$）晶体早在 1916 年被用于制作水下发射 / 接收换能器来探测沉船和海底。第二次世界大战期间，天然压电石英晶体是战略物资，资源稀缺，科学家在实验室通过高温、高压、水热温差等条件成功地合成出了人造石英晶体。然而石英晶体的压电效应很微弱，需要发展性能更加优异的压电材料。过去一段时间应用比较广泛的是锆钛酸铅（PZT）压电陶瓷材料，但该材料也有其缺点，这种材料制造的声呐器件频率高，同时发射功率小，体积大，笨重。低频大功率是声呐装置今后的发展方向，低频可打破敌方舰艇的隐身技术，大功率可探测更远距离的目标，同时体积小、重量轻，可提高舰艇的作战能力。近年来，由美国海军倡导研制的铌镁酸铅（PMN）电致伸缩陶瓷，是一种优良的可潜在地用于低频大功率声呐装置的材料。

　　和许多科学技术的发展一样，社会的需要和科技的进步促进了声呐技术的发展。声呐技术把材料科学和信息科学及其他学科紧紧地联系在一起，在军事和民用中扮演着重要角色。

（金　敏）

漫话压电晶体

～～～～～～～～～～～～～～～～～～～～

　　你也许会对"压电晶体"这个名词感到陌生，其实我们日常使用的电子手表里就有它的"身影"。

　　电子手表的"内脏"最主要的是三件东西：一片大规模集成电路；一只晶体振荡器，它比一般火柴还小；还有一颗小纽扣那样的微型电池。其中晶体振荡器起着像控制人体脉搏跳动的心脏那样的作用。电子手表最让人喜欢的是它走得很准，一年里的误差只有几秒钟，这就是压电晶体——人工水晶制成的晶体振荡器立下的汗马功劳。这就要从水晶晶体的压电特性谈起了。

　　早在 1880 年，法国科学家居里兄弟首先发现了水晶晶体的压电现象。如果沿一定方向对水晶晶体施以压力，会使相应的两个面上分别带正电荷或负电荷；相反，如果水晶晶体受到拉力时，则所带的电荷符号与受压力时的相反。晶体带电的强弱与所受的机械力的大小成正比，这样就把机械能变成了电能。反过来，如果往水晶晶体上加上电场，则水晶晶体会在一定的面上产生相应的形变，把电能变成机械能，形变的程度和方向随外加电场的变化而变化。

▲ 天然水晶外观

　　电子手表中的晶体振荡器就是利用了水晶具有的压电现象，把水晶沿特定的方向切割成所需要的尺寸，经过精细研磨抛光，加上电极制成振荡器。由于在这个方向上的振动频率受周围环境温度的影响非常小，很稳定，所以用它做成的振荡元件能在振荡电路中起着控制和稳定频率的作用。这就是电子手表走时准确的奥秘所在。此外，在水晶晶体上还可找到特定的方位，即在这个方向上的振动频率随温度的变化很大，因此如果把水晶沿这特定的方向切割后做成振荡器的话，就能利用这种振荡器把温度信号转变成频率信号，经过处理再用数字显示出来，就成了一个高精度的温度计。

　　压电晶体除了做成振荡器以外，还可以做成滤波器，在电子线路中起到滤波的作用，这些器件大量应用于移动通信设备如手机等。还可以把压电晶体做成电能与机械能之间的转换元件，这种换能元件的应用也是很广泛的，例如汽车发动机内压力的测定、爆炸时冲击波的测

▲ 人工水晶外观

量等都是通过把机械能变成电信号来测量的。如果在压电晶体薄片上加上频率为超声波频率的交变电场时，它便会产生超声振动，发出超声波，成为一个超声波发生器，反过来，这个压电晶体薄片又是一个超声波的接收元件。随着超声波技术的发展，出现了许多超声仪器，如材料探伤仪、厚度计、液面计，这些都要用到压电晶体做成的换能元件。

过去，人们都是向大自然索取"水晶"的，这就是天然水晶。可是自然界里的水晶是不多的，根本满足不了日益增长的需要，于是人们发明了用人工方法来培育水晶。人工培育水晶是在一个叫作高压釜的大型钢筒内进行的，在釜的下部放置天然水晶的碎块作为原料，然后放入氢氧化钠和氢氧化钾的混合溶液，框架上挂满片状的籽晶，这框架吊在釜的上部，将釜盖紧后进行加热，加热温度通常为 400 ℃左右，并使釜下部温度比上部高些，釜内压力在 800～2 000 大气压。随着温度的升高，釜内压力增大，在温度和压力的作用下，釜底的碎块水晶逐渐熔解，并达到饱和状态。由于釜内上部温度比下部低，下部的饱和溶液通过对流作用上升到上部而成为过饱和溶液，就能在引入的籽晶上逐渐进行生长。

具有压电现象的晶体除水晶以外，还有许多别的晶体。生成这些压电晶体的方法也各不相同，例如有从水溶液中培育的酒石酸钾钠、磷酸二氢铵等，还有从高温熔体中生长出来的铌酸锂、钽酸锂、四硼酸锂等，它们都获得了广泛的应用。值得一提的是近年来研制成功的 PMZT 和 PZNT 新型压电晶体，由于它们的性能显著优于传统的压电陶瓷而受到人们的青睐。例如在研究材料微观结构的扫描电声显微镜中，采用这种新型压电晶体制成的压电换能器后，其成像清晰程度显著提高，它还可应用于医用 B 超探头，使

▲ 刚从高压釜中吊出的生成好的人工水晶晶体

超声成像更加清晰，从而能观察到以往压电探头发现不了的微小病灶，为发展新一代 B 超装置提供了物质基础。此外，这种新型压电晶体有望代替目前常用的压电陶瓷来制造新一代的压电换能器，在海军舰艇的"水下耳目"——声呐中得到应用，从而大大提高舰艇的战斗能力。

（李培俊）

神奇的等离子喷涂人工骨骼

〜〜〜〜〜〜〜〜〜〜〜〜〜〜〜〜〜〜〜〜〜〜〜

　　有没有什么办法帮助那些遭受骨骼损伤而难以自愈的人享受健康人的生活呢？许多科学家已经开始探讨并研制各种人工骨骼植入患者的体内。有的研究成果已经开始应用到临床上，取得了令人欣喜的效果。人工骨骼的最大优点是它可以代替已经损坏的人体骨骼，使人重新恢复心灵和身体的健康。

　　现在，在众多的人工骨骼制造方法中，羟基磷灰石等离子喷涂是最为简单实用的方法之一。

　　简单地说，羟基磷灰石等离子喷涂是在已有的金属复合材料表面，通过等离子高温火焰喷涂上一层几十微米厚的羟基磷灰石。目前医学界公认的人工骨骼替代材料是金属钛的合金材料和羟基磷灰石材料，但它们各自存在着不可克服的缺陷，使众多的科学家为之苦恼，如

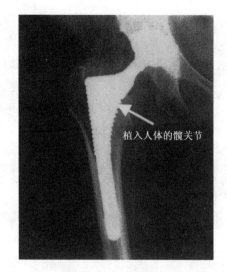

植入人体的髋关节

左图：等离子喷涂羟基磷灰石人工髋关节　　　　右图：植入人体后的 X 光图片

▲ 成功应用于人体的等离子喷涂羟基磷灰石人工髋关节

钛合金材料虽然具有良好的韧性和强度，十分接近生物骨骼的要求，但单纯的钛合金材料所制备的人工骨骼植入人体或生物体后，往往难以产生理想的生物相容性，会造成生物体中不同程度的组织反应，如癌变、过敏，甚至产生强烈的排斥反应。在长期的体液环境中，钛合金材料的耐腐蚀性成为一个令人担忧的问题。对羟基磷灰石来说，尽管它的成分和结构与人体的骨组织的自然矿物成分一致，具有良好的生物相容性，能与人体骨及骨膜进行有机的骨性结合，不会产生排异现象，而且通过骨传导作用，羟基磷灰石可以与邻接骨组织形成直接的骨性结合。但是，只用羟基磷灰石制备的人工骨材料在人体体液环境下，强度和韧性却不足，难以承受人体的自重，难以满足人体各种运动的需要，因此，始终不

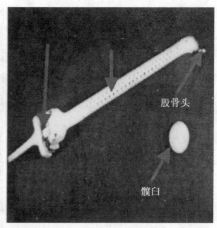

关节

半骨盆

股骨头

髋臼

能成为人工骨骼的理想替代品，这极大地限制了它在医学领域的应用。

　　将以上两种材料的优点结合起来，克服它们各自缺点的一个行之有效的方法就是等离子喷涂。等离子喷涂是利用电弧等离子发生器，将电能转化为热能，产生 8 000～10 000 ℃的高温，将喷入的羟基磷灰石粉体快速熔化，形成液体或半流态的质点，并以 180～480 米/秒的速度撞击钛合金基体表面，经固化形成羟基磷灰石涂层。这种由钛合金基体和羟基磷灰石涂层组成的人工骨骼材料，可以与人体骨组织进行生物结合，无毒性，不产生有害组织，无炎症无排异反应。研究表明，植入人体后，这种人工骨骼材料在体液环境中短时间内就具有较大的附着力，有利于人工骨骼的初始固位，还具有骨传导和骨支撑作用。尤其是新骨组织可以在涂层表面生长并进入涂层的表面微孔中，这使得等离子喷涂羟基磷

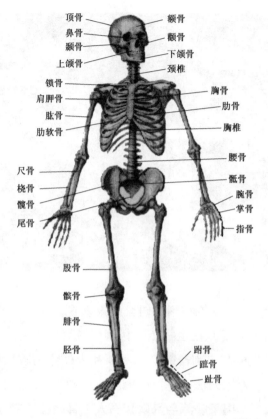

顶骨　　　　额骨
鼻骨　　　　颞骨
颧骨　　　　下颌骨
上颌骨　　　颈椎
锁骨　　　　胸骨
肩胛骨　　　肋骨
肱骨　　　　胸椎
肋软骨　　　腰骨
尺骨　　　　骶骨
桡骨　　　　腕骨
髋骨　　　　掌骨
尾骨　　　　指骨
股骨
髌骨
腓骨
胫骨　　　　跗骨
　　　　　　蹠骨
　　　　　　趾骨

▲ 人体骨骼示意图

灰石人工骨骼在医学生物材料的应用上向前迈了一大步。
目前，已经在医学领域成功运用的等离子喷涂羟基磷灰
石产品有人工髋关节、人工骨柄、骨托等。这些产品的
出现，成功地解除了许多股骨头坏死病人的痛苦，为人
类的健康做出了巨大的贡献。中国科学院上海硅酸盐所
等离子组制备的等离子喷涂人工骨件植入人体多年后仍
然效果良好，很好地解除了病人的痛苦。

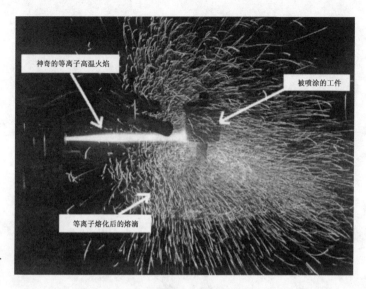

神奇的等离子高温火焰

被喷涂的工件

等离子熔化后的熔滴

典型的等离子▶
喷涂过程

　　目前，从生物材料的研究结果来看，等离子喷涂法由于简单实用而在生物活性材料领域得到广泛的关注。而且，这种方法制备的产品不断在人体体内成功应用，也促使了对该方法的广泛研究。可以预测的是，在不久的将来，等离子喷涂羟基磷灰石人工骨骼会越来越多地造福于那些饱受骨骼损伤折磨的事故或战争受害者。

（梁　波　刘宣勇　丁传贤）

潇洒一挥铁电 IC 卡

自从我国启动"金卡工程"以来，IC 卡逐渐被人们所接受。那么什么是 IC 卡？IC 卡是含有集成电路（IC）芯片的塑料卡片的简称，它有别于一般磁卡，如银行磁卡。磁卡存在固有的缺点，如卡内的内容易被篡改，系统的安全性较差，多次使用后数据容易损坏，误读率也较高，因而可靠性较差。IC 卡好似内含有一个微型计算机，能存储代码，具有逻辑运算和数据管理能力，甚至可以把持卡人的指纹、容貌、声音等存进半导体芯片上，以供验证，因而很难伪造和假冒。此外，采用了加密措施的卡，可做到联机作业时，任何电子设备都无法盗用它的资料。因此，IC 卡在交通、金融、公安、医疗、电信等国民经济各个领域的应用十分广泛，在保密和安全敏感场合的鉴别上更是十分适宜。高级一点的 IC 卡有时叫智能卡。

IC卡有两种基本形式：接触式卡和非接触式卡。接触式IC卡如电话卡、上海出租车龙卡等，在卡片上有一厘米见方的涂有黄金的接触电极。这种卡在使用中也有许多缺点，如卡上接触电极点的磨损问题、读卡器接触部分的频繁保养维修以及插卡位置的精度确保等问题。非接触卡IC卡，如交通卡、伙食卡等等，卡片表面看不到有任何电气连

▲ IC卡改变了人们的生活方式

接，而在卡内加装了一个天线线圈，在一定距离内天线线圈能感应读卡器上发出的射频信号而完成信息传输和处理功能。所以，你只要在读卡器面前一挥就行，操作快捷而方便，设备不需经常维护，因而特别适合于诸如道路收费、地铁交通、空港包裹处理、邮件以及身份识别系统等。现在还正在发展结合接触式卡和非接触式卡优点的双面组合卡，使之兼具安全性和灵活性，既可用作安全性较高的接触式卡，在读卡机上实现信息的读取，又可在非接触式读卡机上操作，从而实现应用于银行金融、公交地铁、城市公共事业、身份识别等领域的真正的"一卡通"目标。这样，你身上只要有一张卡就行了，不必带各种各样的IC卡了。

IC卡的核心和关键部件是集成电路芯片，而存储信息的芯片更是关键中的关键，它直接决定了IC卡的信息

处理速度、使用寿命及功率消耗等性能指标。以往，IC卡中最常用的存储器是 EEPROM（电可擦可编程序存储器）和 FLASH（快闪存储器）。20 世纪 90 年代初，一种称作 FeRAM（铁电随机存取存储器）的新型存储器问世，由于 FeRAM 的显著优点，现已成为 IC 卡用最为看好的存储器，得到用户和行业的认可，国际上一些存储器制造商都在大力发展和生产铁电存储器。

铁电体是一种电介质材料。早在 1921 年，人们在一种晶体中观察到铁电性，它在自然状态下基本晶胞内存在固有的不对称性，分为正极和负极，即具有自发极化特性，加上电压时自发极化会改变方向，如果关断电源，其极化方向也不会改变，这就表明它有记忆本领或存储特性；只有加上反方向电压后，极化方向才能被改变，即原来记忆或存储的东西（数据或信息）被取出或被抹掉了，新的数据或信息又可被存储起来。这一特性和铁磁体十分类似，所以人们就管它叫作铁电体。其实，铁电体里是没有铁的。后来，人们在钛酸钡（$BaTiO_3$）、锆钛酸铅（$PbZrTO_3$，即 PZT）等人工单晶和陶瓷中也观察到这种特性。FeRAM 就是根据这一特性实现数据或信息的存储或读出，成为一种即使断电信息也不会丢失的新颖不挥发性存储器。铁电存储器是用特殊的技术将铁电材料如 PZT 等制成薄膜形态，借助集成电路技术与半导体集成电路结合而做成的。现在，国际上一些著名的半导体公司已把 FeRAM 作为 IC 卡的存储芯片，以取代 EEPROM。这是因为作为 IC 卡的存储芯片，需要满足许多要求，例如数据（或信息）写入或读出的速度永远是第一要求，铁电存储器比 EEPROM 要快 5 000 倍，而工作电压更低；在功率消耗方面，铁电存储器比 EEPROM 小 100 倍。又例如 IC 卡的使用寿命决定于芯片的数据（或信息）可擦写次数，铁电存储器要比 EEPROM 多 100 万倍以上，芯片尺寸是 EEPROM 的 1/3；通信距离，即卡内的天线线圈能接收到读卡器发出信号的距离，也就是 IC 卡离读卡机的距离，铁电存储器比 EEPROM 长得多。因此，普遍认为铁电存储器是 IC 卡芯片中最好的和最为人看好的存储器。用铁电存储器作芯片的 IC 卡我们称它为铁电 IC 卡。而且，如上所述，铁电存储器在信息处理的速度、使用次数、信号传递的距离等方面都比其他存储芯片要好得多。所以，要真正实现 IC 卡的一卡通，非铁电 IC 卡莫属了！

（罗维根）

壮观故宫话琉璃

原始青釉的发明，不仅完全克服了古陶表面易污染和吸水等弱点，而且使古陶器皿粗糙幽暗的表面从此闪光生辉。

那么，使古陶生辉的釉到底是什么呢？

苏联有一个叫斯维士尼柯夫的人，在他写的《玻璃的秘密》一书中曾叙述了一个关于釉的故事。大意是说，一个刚制好的陶坯，由于偶然的机会沾上了一些苏打（碳酸钠）和砂粒的混合物。当这个陶器坯烧成后，被发现其表面附着一层既光又亮的薄壳——釉。

我国3 000多年前商代遗址中的古陶文物却表明事实并非如此。根据我国科学工作者的分析鉴定，这些古陶表面上的灰黄色和青灰色釉，是用石灰石和黏土配制而成的石灰釉，即原始青釉，不是用苏打和砂粒烧成的那

▲ 故宫建筑

种釉。

　　根据石灰釉的成分和形态，我们查一下材料王国中三大家族的家谱就可确定，釉不属于金属和有机材料这两个家族，而是无机非金属材料家族的一个成员——无机涂层。

　　所以，我们说釉是无机涂层材料的老祖宗。釉的发明，标志着无机涂层材料从此登上了人类生活的舞台。说到釉的应用，我们马上会想到北京故宫的琉璃瓦。从景山之巅极目远眺故宫建筑群，像是一片金色的海洋，正是千千万万块琉璃瓦构成了这金色海洋的每一个波浪。

　　这么美的琉璃实际上就是陶胎器上的无机涂层——釉。在我国古籍里，"琉璃"又写作"流离"，以形容它有光怪陆离的色彩。

已出土的文物告诉我们，在公元前 10 世纪的西周时代，我国琉璃的制作工艺即已相当成熟。从公元 5 世纪的北魏时代开始，琉璃就在建筑上大量应用了。到了唐代更盛行制作琉璃釉冥器（即唐三彩殉葬器），有大量的驼马人物等埋在坟墓中，这种琉璃冥器成为 8 世纪的特种雕塑工艺而闻名于世。唐末五代至宋朝已出现了供整体建筑使用的琉璃构件。如今河南开封还有一座宋朝建造的全部用黑色琉璃砖瓦砌成的琉璃塔，虽经千年风霜雨雪，至今仍完整无缺，气势挺拔，光可鉴人。建于元代的山西霍山飞虹塔，则又别具一格，它是一座由各种彩色琉璃构成的琉璃塔，可谓是一件五光十色、绚丽多彩的艺术品。至于北京故宫西苑太液池琼岛北岸的九龙壁，那就更为人所熟知，它与附近的许多座琉璃宫殿、牌坊和塔等构成一片琉璃世界，实为世界罕见。

可以说，琉璃几乎在祖国的每一个角落都有它的踪迹。究其因，一是琉璃在色彩和光泽上给古建筑锦上添花；二是琉璃具有保护底坯的作用，这正是无机涂层的一个重要功能和特点。

琉璃源于使古陶生辉的石灰釉，但在配方、工艺等方面又都更上一层楼，有了新的发展。宋代人所著《营造法式》一书中载"凡琉璃瓦之制以黄丹洛河石和铜末用水调匀……"，文中的黄丹是铅所炒成，洛河石为石英类物质，再加上铜末后，即能制成绿釉。如把这种绿釉的釉浆浇涂在陶瓦胎表面经窑烧制，就可制得绿色琉璃瓦了。因为釉内含有铅，熔点可降低，故窑温仅需

800 ℃左右，就可使釉完全熔融，在陶瓦上形成均匀的琉璃层。

琉璃层在匠人手中变化万千，他们通过加入各种金属离子着色，使琉璃或黄或绿，或碧或青，或白或黑。琉璃构件虽经千年日晒雨淋仍光彩夺目、完整无缺，足以说明从西周开始，特别是唐宋时期，我国琉璃的配方设计及工艺水平就有了高水平的发展，并始终冠于世界。

（奚同庚）

形形色色的新型玻璃

〜〜〜〜〜〜〜〜〜〜〜〜〜〜〜〜〜〜〜〜〜〜〜

　　相传早在五六千年前，古埃及人就发现和制造了玻璃。最迟在 3 100 多年前的西周时期，我们的祖先就掌握了玻璃制造技术。随着科学技术的发展和应用的需求，各种各样的新型玻璃不断涌现，并在不同领域中发挥着重要作用。作为材料大家族中的重要一员，形形色色的新型玻璃可谓"人丁"兴旺。

　　纤维增强复合玻璃：这种玻璃是利用碳化硅晶须、陶瓷纤维、玻璃纤维等作增强剂而制成的复合玻璃，它具有轻质、高强、高韧性和抗冲击等一系列优异性能，因而有望在航空、航天等领域一显身手。

　　玻璃微珠：直径 2～200 微米的微小玻璃珠，具有透明、折射率可调、定向反射、表面光滑、流动性好、性能稳定、耐热及机械强度高等特点，广泛用于道路反光标志带、广告牌、海上救生器材和固体火箭燃料填充剂等。

吸热玻璃：是一种能透过可见光吸收红外热辐射来阻止一定量热辐射透过的玻璃。通过向玻璃中添加微量的 Fe、Ni、Co 等元素，可制得不同色调的玻璃。这类玻璃除具有吸热功能外，还有改善采光色调、节约能源和装饰的效果，广泛用于汽车玻璃、变色眼镜和窗户玻璃等。

热反射玻璃：它通过化学热分解、真空镀膜等技术，在玻璃表面形成一层热反射镀层玻璃。对来自太阳的红外线，其反射率可达 30%~40%，甚至可高达 50%~60%，具有良好的节能和装饰效果。

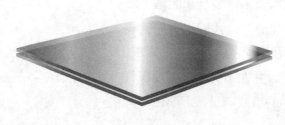
▲ 中空玻璃

中空玻璃：由两块或两块以上的平板玻璃将周边密封、层间内充以干燥的空气或惰性气体构成的新型玻璃。中空玻璃具有隔音、隔热、防结霜、防潮、抗风等优点，并可节能 20%~25%。据测量，当室外温度为 –10 ℃时，单层玻璃窗的室内温度为 –2 ℃，而采用中空玻璃可以达到 13 ℃。夏天，它可以挡住太阳光中 90% 的红外波段的辐射热，而阳光中的可见光依然可以透过玻璃墙，使居室冬暖夏凉，可极大地改善生活环境。

防静电和抗电磁波玻璃：这是一种具有导电性能，并能够屏蔽、吸收电磁波的功能玻璃。可有效防止静电和外部信号的干扰，并防止内部信号的泄露。它在微波和无线电通信、国防保密、抗电磁波干扰的仪表等方面得到广泛的应用。

导电玻璃：这是一种能整体导电或表面导电的玻璃。用它制成电加热元件，除用于建筑外，还可用于飞机、舰艇、汽车或寒冷地区观察哨所的除冰、防霜。

"记忆"玻璃：我国科学家首次开发了一种具有"记忆"能力的新型智能玻璃。将印有文字和图像的纸片盖在一块透明的玻璃上，然后用短波紫外线、X射线、γ射线进行辐射，玻璃就能自动"默记"这些文字、图像。当受到日光等长波光源照射后，能再现出"记忆"的内容。

既坚又韧的防弹玻璃：防弹玻璃是由坚韧的塑料内层将两片玻璃粘贴而成，其塑料内层可以吸收冲击和爆炸过程中所产生的部分能量和冲击波压力，即使被震碎也不会四散飞溅，具有良好的安全性、抗冲击性和抗穿透性，广泛用于贵重物品陈列柜，银行、监狱和教养所的门窗等场所。1998年2月9日夜，防弹玻璃就拯救了格鲁吉亚总统谢瓦尔德纳泽的生命。20多个杀手的疯狂扫射和大量的手榴弹在总统的"坐骑"上留下了累累伤痕，但总统本人竟毫发无损！

能与太阳"对话"的半导体玻璃：应用硅、砷化镓、硫化镉等材料制作的半导体玻璃能够很好地将太阳能转化为电能、热能并存储起来，这就是用半导体玻璃制备的太阳能电池。人造卫星安装上太阳能电池后，可以长期为卫星提供能源。将来，家家户户都可以在楼顶上铺

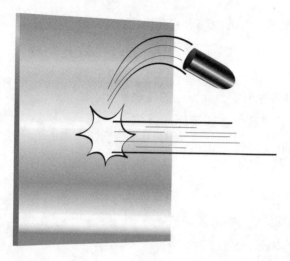

▲ 防弹玻璃

一层半导体玻璃薄膜材料，有阳光照射时就会产生电能，把多余的电能存到蓄电池中，到了夜间或阴雨天，再由蓄电池向家庭供电。这样，我们做饭、取暖、洗衣、看电视，就不再需要消耗别的能源了。

自洁玻璃：在玻璃表面镀上一层 TiO_2 膜，可以制备得到自洁玻璃。这种玻璃在光照下能够自行分解附着的油污、动物粪便和微生物。同时，这种材料有极强的亲水性，水在玻璃表面扩散迅速，不易形成水珠，并将大量尘土等无机物冲走。装上自洁玻璃，你再也不用为清洗玻璃这类繁杂的事情而烦恼了。

形形色色的新型玻璃不胜枚举。相信随着科学技术的进一步发展，人类也必然会制造出更多的新型玻璃，并将其派上各种各样新用场。

（林开利）

"洁身自好"的新材料——纳米二氧化钛

~~~~~~~~~~~~~~~~~~~~~~~~~~~~~~~~~~~~~~

　　如果说世上有不用洗的衣服，有不用擦的玻璃，马路也能自动净化空气，你相信吗？

　　这一切得从一种奇妙的材料——二氧化钛讲起。

　　1972 年，日本科学家藤岛昭发现二氧化钛在太阳光的照射下，可使水分解为两个氢原子和一个氧原子，或使其他一些物质如有机物，在一定条件下分解成二氧化碳和水等小分子。这是因为二氧化钛受太阳光中的紫外光照射时，钛原子上的电子被紫外光激发，运行轨道发生变化，从而产生极强的氧化能力，因此能够分解部分无机物和有机物。人们根据这一原理开发了光催化技术，即利用二氧化钛作为催化剂，使物质吸收光的能量而发生分解，从而达到杀菌、自清洁、净化空气、除臭等目的。

但是，普通的二氧化钛活性低，要想彻底分解其他物质，可能得等几天甚至几个月。进入 20 世纪 90 年代，人们把纳米技术应用到二氧化钛中，研制出了纳米二氧化钛。我们知道，1 纳米等于十亿分之一米，相当于针尖的百万分之一大小。纳米二氧化钛就是指颗粒大小不超过 100 纳米的二氧化钛，可谓是二氧化钛家族中的小不点。正是因为它个头小，"手脚灵活"，易于和其他原子团等结合，在参加化学反应时比一般的二氧化钛要活泼成千上万倍，所以纳米二氧化钛在各个领域大受青睐。

现在，让我们来看看纳米二氧化钛是怎样大显身手的。我们先来瞧瞧不用洗的衣服。香港理工大学的科学家最近研制出一种能自我清洁的布料。他们使用一种特殊的工艺使二氧化钛附着在布片上。阳光照射在二氧化钛上，会使电子从中逸出。这一部分电子与空气中的氧反应，生成具有强氧化作用的氧自由基，将污物分解成二氧化碳和水等小分子，这样就达到了自清洁的目的。作为催化剂的二氧化钛并不会损耗，因此只要有阳光，布料就能发挥自我清洁功能。

我们再来见识一下不用擦的玻璃吧。科学家们利用纳米二氧化钛开发出了一种自清洁玻璃。这是在普通玻璃表面涂覆了一层透明的纳米二氧化钛光催化剂涂膜，当膜受到太阳光或荧光灯照射后，就会吸收光的能量产生清洁功能，分解、清除掉尘土和其他的有机污物，变成二氧化碳和水，且自动消除。而且自清洁玻璃具有亲水性，下雨时雨水会形成薄帘流过玻璃的表面，所以，雨停后不会留下条痕和斑点。目前它已被广泛用于建筑物的门、窗、外墙，汽车玻璃窗以及装饰玻璃等。没准你家的门窗就用上了这种纳米二氧化钛哟！

有句俗话说"各人自扫门前雪，哪管他人瓦上霜"。纳米二氧化钛可不是这样的哟。除了自清洁，它还乐于帮助别人清洁呢！大家最常用的交通工具恐怕就是汽车了。我们知道，汽车尾气会向空气排放一氧化碳等有害气体，严重影响人体健康。同时，车内装饰材料中含有多种有毒气体，另外霉菌会在汽车通风系统内长期存活，对健康也极为不利。目前，已被普遍运用于净化车内空气的是一种叫作光触媒的技术。光触媒的主要成分就是纳米二氧化钛。纳米二氧化钛吸收阳光中的紫外线后，内部电子被激发，形成超氧化物和羟基原子团，它超强的氧化能力可以破坏细胞的细胞膜，凝固病毒的蛋白质，抑制病毒的活性，杀菌能力达到99.997%。同时，二氧化钛受光后生成的氢氧自由基可将有机物质和有害气体转化为水、二氧化碳和盐，从而达到净化空气的功效。

除此之外，把纳米二氧化钛用到马路上也可以净化空气呢！日本三菱材料公司研制出一种含有纳米二氧化钛的新路面材料，叫作Noxer，它能吸收汽车尾气中的氮氧化物。其中纳米二氧化钛起着催化剂的作用，当路面材料被阳光照射时，能生成活性氧分子。这种分子能与尾气反应，一遇下雨，就变成稀硝酸溶液，刚好被混凝土中的弱碱溶液中和。

　　纳米二氧化钛的用途还远远不止这些，随着科技的进步，它将在我们的日常生活中发挥越来越重要的作用，也许纳米二氧化钛的新用途正等着你去发现呢！

（储德韦）

水泥——从都市的"脊梁"到人体的脊梁

~~~~~~

　　说到脊梁，本是指支撑我们人体站立行动的骨骼中枢，那些水泥马路也配戴上这顶高贵的"礼帽"吗？殊不知，在科学高速发展的今天，这种极其普通的建筑材料不仅默默地承载着文明的车轮，而且已经卸下平凡的外衣，正走进科学家的视野，进入我们的人体。下面我们就谈谈水泥是如何走进人体的。

　　铺设马路、桥梁的水泥材料是由含钙、硅等几种无机元素的化学物质在 1 000 多摄氏度的高温下烧制而成的，这种材料一旦接触到水就会自行凝固，形成坚硬的块体。两个多世纪前，英国人斯米顿首次发现这种材料的独特性能，并用它在海上建造导航灯塔。从此，水泥便被用于建设桥梁和马路，开始走进人类的生活，这也是人类从认识自然到利用自然服务于自身生活的一次创举。随着人类物质条件的改善，我们对自己的身体健康和生命质量提出了更高的要求。但是，环境污染造成的先天性疾病、各种运动和事故导致大量的骨组织损伤，年长者面临的关节性疾病、牙根疾病等等，都时刻困扰着我们周围各种年龄段人的正常生活，他们眼神中流露的那份无奈和期待，时刻刺激着科学家的心灵。

水泥材料是否可以像铺设马路的建筑工人向碎石缝里填塞一样，也填充到这些患者的骨齿组织的创口上，给他们带来福音？这个大胆的设想成为科学家研究的课题。首先，他们应用探针扫描技术，对幼小老鼠体内骨组织元素进行扫描分析，一个备感意外的现象出现了：作为一种体内含量极低的微量元素——硅，却以高达0.5%的含量富集在老鼠骨组织的发育区，并且协同钙元素完成骨组织的发育，形成健康的骨，这样老鼠就可以自由自在地四处活动。硅在动物体内发挥了如此奇妙的作用，它在人体内又会扮演什么样的角色呢？带着这个问题，他们又将一些含有钙、硅元素的玻璃材料植入患有骨病的人体内。结果发现，这些材料也能够快速地促进骨组织或者牙根的创面愈合，让患者恢复健康。最近，科学家们又将水泥中的主要成分硅酸三钙、硅酸二钙、铝酸三钙等物质的粉末混合，并加适量水调和，形成类似于铺设马路的水泥，并让材料自然凝固再进行深入研究。他们在这种自固化材料表面种植来自人体骨骼的成骨细胞，再放置到无菌环境中培养。他们发现，几个小时后这些细胞就牢牢贴附在固化物表面，并且随着时间延长，细胞数量越来越多，而且细胞还分泌出大量蛋白和酶，这些蛋白和酶都是新生骨组织形成所必需的物质。这些研究证明不仅水泥表面对成骨细胞具有优良的相容性，而且从水泥中释放出来的钙、硅元素对细胞生长和增殖发挥了重要作用。不仅如此，近来科学家们又将这种材料调和形成的糊状物用注射器注入牙病患者的根管之中，结果发现水泥凝固后不仅治愈了患牙，而且对人体其他组织和器官也没有产生副作用，说明这种材料在人体内是完全安全可靠的。

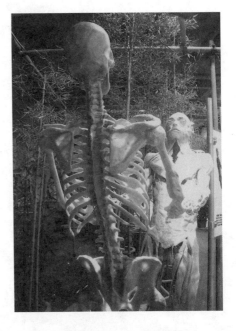

▲ 人体骨骼

但科学家们并不满足于目前所取得的研究成果，他们还在设计许多更为精细和科学的实验，准备更充分深入地认识水泥材料能治疗骨相关疾病和损伤组织修复的基本原理，争取早日真正用在人体骨骼中或者牙病患者身上。因此，我们可以理直气壮地说，不久的一天，医院里的大夫也可以像建筑师傅一样，把修筑马路的水泥填充到那些不能行走的骨病患者身上，让他们从轮椅上站起来。

水泥从城市建材变成人体建材，科学真是太奇妙了！

（荀中入　吴　芸）

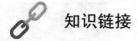 **知识链接**

水泥与骨头

1962 年，经过大量的生物材料摩擦试验，英国医师设计出金属股骨头和超高分子聚乙烯髋臼组合的假体，用聚甲基丙烯酸甲酯（骨水泥）固定，从而创建了低摩擦的人工关节置换术。此后，人工关节元件的表面便开始被设计成特殊结构以利骨长入，除髋臼假体采用非骨水泥固定外，各种各样的非骨水泥固定股骨柄不断涌现。

从景泰蓝说起

当你看罢雄伟、绚丽、光彩夺目的故宫外貌，再走进宫殿和宫苑的时候，你一定又会被许多巧夺天工的花瓶、香炉、如意、酒杯、珠宝匣和鼻烟壶等景泰蓝艺术品所吸引，并为这些器皿的光彩夺目和玲珑剔透赞叹不已。

景泰蓝器皿这种神奇的美，源自器皿表面烧制的一层珐琅涂层。但是，你也许还不知道景泰蓝上的珐琅竟和琉璃是"嫡亲兄弟"吧！它们不仅外貌相像，而且同属一个"血统"，都是原始青釉的子孙，因而都保持着原始青釉遗传给它们的特性——身上充满着玻璃质，这也正是它们外貌光彩出众的原因。

当然，即使是"亲兄弟"，总还是有差别的。我们通常把涂在砖瓦等建筑构件上的釉叫作琉璃，把涂在金

▲ 景泰蓝器皿

属基体上的釉叫作珐琅，而把涂在陶瓷器上的釉，根据传统的习惯仍叫作釉。

景泰蓝的问世，标志着我国的釉又发展到了一个新的水平。大家知道，金属铜的熔点一般要比陶瓷器上釉的熔点要低，高温釉不可能熔烧在熔点低的金属表面。即使熔烧上去了，也会由于它们的热膨胀系数相差太大，冷却产生的应力会把珐琅从金属基体上崩掉。

我国古代的劳动人民为了解决这个难题，便在一般釉中注进了新的"血液"：碱和碱土金属（钾、钠、钙、镁等）的化合物。这些化合物具有两个特点：一是熔点低，二是热膨胀系数较高。这样便做到了对症下药：既降低了釉的熔点，使之接近坯体金属的熔点，便于烧制；又提高了它的热膨胀性能，比较接近于金属坯体的膨胀系数，减少了烧制过程中产生的热应力，真可谓一箭双雕。景泰蓝表面以蓝色为基调，但为了使色彩更丰满，富有层次感，增强艺术表现力，在珐琅中又加入各种金属离子进行着色处理，从而烧制出不同色调的珐琅。

所以，景泰蓝放射出的不仅是艺术的奇光，而且是科学的异彩。据考查，在元朝，我国就已有珐琅艺术品，到明朝有了更大的发展，并驰誉世界，以致明朝景帝用自己的年号——景泰冠称，故得名景泰蓝。到了清代，统治阶级为了满足奢侈生活的需要，更加重视景泰蓝的制作。乾隆帝亲自指定金、银和铜为景泰蓝的底坯，并分别以金丝、银丝和铜丝镶嵌珐琅。珐琅工艺及艺术水平又都有了新的大发展。

景泰蓝作为珐琅艺术珍品，不仅为祖国赢得了荣誉，而且在科学技术上亦为现代金属抗氧化防腐蚀无机涂层开了先河。

在第二次世界大战期间，战争的巨大破坏和消耗使许多国家的战略物资日趋短缺，飞机和坦克中必不可少的耐热合金元素如镍和铬等尤感不足。于是，一些国家便加紧研制既能耐高温又能抗氧化腐蚀的珐琅型涂层，企图通过在金属部件上加涂这种涂层的办法来降低钢号，即用低合金钢来代替高合金钢，用碳钢来代替低合金钢和不锈钢，从而大大减少稀缺的镍、铬等合金元素的用量。

经过反复试验，高温抗氧化耐腐蚀的珐琅涂层首次在坦克的排气管里崭露头角，获得了成功；不久又在飞机的"内脏"——发动机里再露锋芒，在导向叶片、换热器、尾喷管、燃烧室及排气管等许多经受高温和氧化腐蚀的部件上得到了广泛的应用，既提高了发动机的工作温度，又大大节约了镍、铬等贵重的材料。如涡轮喷气发动机燃烧室的内衬，一般都是使用高温下抗氧化腐蚀性能好的高级高温合金，它所含的镍和铬很多。加涂高温珐琅涂层后，就可用只含 18% 镍和 8% 铬的一般合

▲ 飞机

▼ 坦克

金来代替，仅此一项即可节省大量成本。后来，在冲压式喷气发动机燃烧室里应用涂层后，也收到了同样的效果。

你也许会问，飞机"内脏"里温度高达八九百摄氏度，涂在景泰蓝上的那种珐琅吃得消吗？当然吃不消。所以要在一般珐琅涂层中注进新的"血液"——氧化锆、氧化钛、氧化铝、氮化硼和硅化钼等耐熔、耐温化合物，从而大大提高珐琅的耐高温本领。

在这同时，它仍旧保持着玻璃态的传统，因此仍具有很好的气密性，能使被加涂的金属底材与高温的大气及腐

蚀性气体完全隔绝，所以它仍是一种珐琅。不过为了与一般常温下使用的珐琅有所区别，就把它称为高温珐琅涂层。

这种高温珐琅涂层的作用可不小，一般碳钢加上这种涂层以后，就可以在 800 ℃以上的高温下长期使用。低合金钢加上这种涂层以后，身价也大为提高，使用温度一下子就提高了 200 ℃。

这种涂层在金属身上就像穿了一件外衣，不但要做得"天衣无缝"，而且连一个针眼也不能有。否则，空气里无孔不入的氧气就会钻进去，照样把金属底材"吃"掉。

随着 20 世纪 50 年代末航天技术的发展，珐琅涂层不断创新，并在其中立下了新功。

（奚同庚）

反光材料

～～～～～～～～～～～～～～～～～～～～

　　夜幕下当你驾车行驶在高速公路上时，你不但会发现路边的标志闪闪发光，而且会看见路面标线像一条条晶亮的光带，这真令人惊奇。但是，汽车开过以后再向后望去，那些发光标志却不见了，留下的只是茫茫夜色。这是怎么一回事呢？原来是一种新型回归反光材料起的作用。这种材料能够将汽车前灯的大部分光线按原路反射回去，使驾驶员轻松看清路标。这种新型照明材料对光的定向反射率比普通油漆高许多倍，可见度高达几百米甚至数千米。

　　大家都知道光的反射有漫反射和镜面反射，为什么回归反光材料能使光线按原路返回呢？其实，这主要归功于其中含有的高折射率玻璃微珠。当一束光线在一定范围内以任何角度照射到微珠前表面时，由于微珠的高

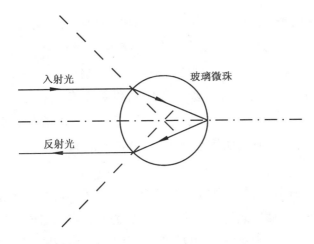

▲ 玻璃微珠反射光路示意图

折射作用而聚光在微珠后表面反射层上，反射层将光线沿着入射光线方向平行反射回去，就形成回归反射。当许多玻璃微珠同时反射时，就会出现前面的光亮景象。

实验表明，当玻璃微珠的折射率接近 1.9 时，入射光线能够很好地聚焦在玻璃微珠的后表面，这时的回归反射效果最好。当折射率小于或者大于 1.9 时，入射光线分别聚焦在玻璃微珠的外面和内部，这时的回归反射效果会有所降低。实际使用时由于客观条件的影响，玻璃微珠的折射率通常在 1.9～2.1 之间，而它的直径通常小于 0.8 毫米。如果在玻璃微珠的后面添加一层反射层，那么回归反射的效果就更好了。

如此神奇的玻璃微珠是怎样生产出来的呢？生产过程是这样的：先把原料在非常高的温度下熔化成玻璃液，玻璃液经过特殊的喷嘴形成许多雾状的液滴，这些液滴在表面张力的作用下自动形成规则的球形，冷却后再经过一定的处理，就得到非常有用的玻璃微珠。

用玻璃微珠可以制造许多回归反光材料，比如反光贴膜、反光布、反光涂料、反光油墨等等。这些材料的使用范围遍及公安交通、交通监理、消防、铁路、煤矿等部门，在劳防用品及民用产品中也可以见到它们的身影。

夜间行车的驾驶员，由于受到对面车辆灯光、路边灯光、高楼探照灯及广告霓虹灯的影响，容易造成交通事故。而反光材料标志牌在车灯的照射下发出的光线特别明亮醒目，能够提醒驾驶员相关路况信息，提高行车安全。在雨、雾、风沙等能见度较低的天气下，反光材料更能凸显其价值。所以，许多发达国家规定公路、铁路的交通标志，车身前后都必须使用反光材料；国际海洋救生机构也规定救生设备必须配备反光材料，以极大地方便夜间搜寻和救生工作。

说到这里大家就不难理解，为什么交通警察、消防队员、道路清洁工、养路工人都穿戴带有反光材料的制服了。这些服装上的反光带或者反光标志能够有效地警示驾驶员谨慎驾驶，提高了穿戴者的人身安全。现在许多品牌如耐克、格威特、康威等公司都采用反光材料装饰自己的产品，使服饰在美观、实用的基础上，又增加了安全功能。

当然，要把玻璃微珠制成反光材料也不是一件容易的事情，所以反光材料也被应用于商品防伪。比如五粮液酒厂采用的"3 M回归反射防伪胶膜"就是其中最好的例子。在五粮液专用的防伪酒瓶盖上，把直径为 0.06 毫米的玻璃微珠通过特殊技术，涂布在可视印刷品的表面上，形成特定的五粮液厂徽图案。消费者通过专用检测器可以看到耀眼夺目的五粮液酒厂厂徽，真伪立即可辨，令制假者无计可施。

这种神奇的反光材料给我们的生产和生活带来许多便利，它还有许多用武之地等待着我们每一位热爱科学、勤于思考者去开发。

（毛小建）

新型吸附材料——活性炭纤维

～～～～～～～～～～～～～～～～～～

　　木炭作为一种吸附材料而使用，已有悠久的历史。主要是利用其内部复杂的微细孔道结构吸附一些其他的物质，已广泛应用于水源的净化、防毒面具等方面。为了不断提高碳材料的吸附性能，科学家进行了不懈的努力，开展了具有优异吸附性能的新型碳材料的探索。

　　活性炭纤维（简称 ACF）的研究可以追溯到 20 世纪 60 年代，美国科学家阿伯特等首先研制成功了粘胶基活性炭纤维，揭开了高效吸附功能材料的新篇章。此后，相继开发出聚丙烯腈基活性炭纤维、酚醛基活性炭纤维和沥青基活性炭纤维等。活性炭纤维主要由碳原子组成，还有少量氢和氧等元素。根据实际需要，可以采用特殊的纤维原料和制备工艺，在活性炭纤维表面引入氮、硫等杂原子及各种金属化合物。

活性炭纤维是在高性能碳纤维（简称CF）研究的基础上发展起来的，它是以高聚物为原料，经过高温碳化和活化而制成的一种纤维状高效吸附／分离材料。高温碳化就是在惰性气体保护的条件下，控制一定的温度，排除纤维内的可挥发性组分制造孔道空间，并使残留碳重排生成类似石墨的微晶结构。经高温碳化后的纤维，再在高温下用氧化性气体如水蒸气、二氧化碳和氧气等进行活化处理，使其生成具有丰富空洞、高比表面积形成含氧官能团的活性炭纤维。

国际纯粹与应用化学联合会根据各类孔的结构和尺寸对孔进行了分类：孔径<2.0纳米为微孔，孔径>50纳米的为大孔材料，孔径介于两者之间的为介孔或者称为中孔。活性炭纤维主要由微孔组成，也有大孔，根据原料或活化条件的不同，有少量中孔。

其吸附过程主要包括以下两个过程：环境中的气体分子被不断输送到微孔孔道附近；当气体分子等到达微孔孔道附近时，被微孔孔道所束缚。活性炭纤维的孔道直径分布范围比较小，主要由微孔组成，同时有少量的中孔孔道，没有大孔孔道。大量存在的微孔使得活性炭纤维的表面积较大，同时，也使其吸附量较高。活性炭纤维丝束之间存在空隙，可以从外表面向内部输送被吸附分子，具有控制吸附速度的功能。介孔孔道也起输送分子的作用，可以控制吸附速度，同时还可作为较大分子的吸附点。

活性炭纤维是继粉末活性炭和粒状活性炭后的第三

种活性吸附材料。由于其特殊的化学和孔洞结构，具有很多优异性能。如直径较细，与被吸附物的接触面积大，可以均匀接触，因此吸附量高、吸附力强，具有耐热、耐酸碱性，导电性和化学稳定性也好；强度高，不易粉化；纯度高，杂质少，可用于食品、卫生、医疗等行业。

当活性炭纤维失效后，也就是孔道内吸附满了气体分子等异相物质后，可以通过高温处理等再生手段，将吸附的异物释放出来（脱附），使活性炭纤维再度具有吸附活性，从而可以反复使用，节省大量的资源。

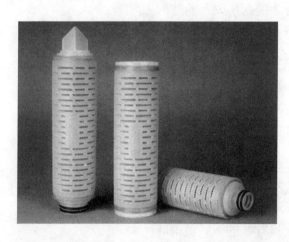

▲ 用于水处理、防毒面具等的活性炭纤维滤芯

活性炭纤维将是21世纪最优秀的环保材料之一。目前，由于活性炭纤维对低浓度物质具有很强的吸附能力，能够有效地吸附空气中的油漆、涂料等有机物质，对空气净化具有很明显的效果。活性炭纤维除了能够吸附自来水中的三氯乙烯，对浑浊的自来水还有澄清作用，在饮用水的净化方面发挥出很重要的作用。另外，在废水处理、贵金属的富集分离和回收，制备医疗器械和作催化剂载体，以及制作电容器和燃料电池等方面也发挥出日益重大的作用。

（陈红光）

不可等闲视之的碳/碳复合材料

碳/碳复合材料（C/C）是以碳纤维为增强相的碳基复合材料。该材料密度小，具有优良的热学、力学、化学和摩擦性能，在冶金、化工、原子能、半导体和汽车领域都有很大的市场需求。特别是作为飞机刹车片已取得巨大成功，创造了良好的经济效益和社会效益。不仅如此，由于在高温下碳/碳复合材料具有优异的力学性能如高强度、良好的断裂韧性和耐磨性能，更特别的是碳/碳复合材料在一定的温度范围内，随温度的升高，强度反而升高，因而在航空、航天、核能及许多民用工业领域受到极大瞩目。

有数据表明，飞行器的速度越高，减小质量时所带来的成本节约就越显著，飞机性能 2/3 靠材料来实现。对于人造卫星、战略导弹、火箭及航天飞机等宇宙飞行器，质量的减轻更为重要。比如卫星的质量每减轻 1 千克，运载它的火箭就可以减轻几百千克。同时，宇宙飞行器在飞行过程中还要经受超高温和温度剧变等特殊环境和极限条件的考验。对于碳/碳复合材料，其耐热性远远优于其他任何高温合金和复合材料，这类材料在 2 500 ℃的高温下仍具有相当高的强度和韧性，且密度只有高温合金的 1/4。从 1980～2000 年，世界上的飞机平均减轻约20% 的质量，主要是靠碳/碳复合材料等的应用。导弹壳体材料也与射程有紧密关系，如火箭的铝合金部件改为碳/碳复合材料后，射程可增加 1 000 多千米。

碳/碳复合材料在航空领域应用的最成功范例是作为摩擦材料用于飞机刹车盘。采用碳/碳复合材料做喷气式飞机刹车盘，其质量只相当于钢盘的 1/5，并且由于碳的热容为钢的 2.5 倍，其使用寿命也大大提高。采用钢制成的刹车盘，可降落 1 500 次，而采用碳/碳复合材料后，可提高到 3 000 次，为钢质刹车盘的 2 倍。碳/碳复合材料作为一种新型刹车盘材料，从 20 世纪 70 年代起开始在军用飞机，如美国 F14、F15、F16、F18 和 F22 以及法国幻影 2000 等刹车装置中使用，现在已经广泛应用于大中型民航客机，如波音 747、777，麦道 90，空中客车A300、A320、A340 系列和 Bae146-200 等。目前，已有60 余种飞机采用了碳/碳复合材料刹车装置，欧美公司生产的民航飞机的刹车系统已基本用 C/C 复合材料盘取代钢盘。如空中客车公司的所有飞机都采用了碳/碳复合材料刹车装置，波音公司出售的 B757 和 B767 飞机可任选刹车盘，B747-400 以及 B777 则只提供碳 / 碳复合材料刹车盘，军用飞机基本都采用碳 / 碳复合材料刹车装置。

由于碳 / 碳在 2 000 ℃以上仍能保持其优异的力学性能，所以在许多航空航天应用领域，碳 / 碳是理想的高温材料。20 世纪 70 年代初，由于航天飞机的需要，美国开展了热结构用碳 / 碳复合材料的研究工作，使碳 / 碳复合材料由烧蚀防热材料向热结构材料发展。碳 / 碳复合材料作为热结构材料可用于燃气涡轮发动机结构部件、航天飞机的鼻锥、机翼前缘、小翼翼盒和机身襟翼等。美国 LTV 公司就采用碳 / 碳复合材料制备太空飞船机翼前缘、鼻锥，使飞船进入大气层后，在高温环境下，这些部件仍具有强度高、耐高温的特性，并且在保持力学性能的同时，还能经受急冷急热的环境变化。在美国国家航天飞机计划的一个项目中，为尽量减轻质量并保持强度，使用碳 / 碳复合材料做鼻锥和机翼及尾翼前缘，预计使用温度分别约为 2 760 ℃和 1 930 ℃。

此外，由于碳 / 碳复合材料的高温性能及低密度、耐高温等特性，使它可能成为工作温度达 1 500 ℃以上的航空发动机理想的轻质材料。航空发动机最重要的是提高涡轮前温度，涡轮前温度每提高 100 ℃，推力可提高约 20%。由于发动机转动件的工作条件苛刻，碳 / 碳复合材料首先在航空发动机的静止件上使用。在美国 F22、F100、F119 军机和俄罗斯航空发动机上已经采用碳 / 碳复合材料研制燃烧室、导向器、内锥体、尾喷鱼鳞片和密封片及声挡板等。法国幻影 2000 的飞机发动机上也已采用碳／碳复合材料制作的喷油管、隔热屏、鱼鳞片。美国甚至已经试制了用碳／碳复合材料制造的整体涡轮盘及叶片，其运转温度为 1 600 ℃以上，比一般涡轮盘高出500 ℃。此外，德国、俄罗斯和日本也试制了整体碳／碳复合材料涡轮叶片或涡轮盘，应用前景非常诱人。由于碳／碳复合材料质量只有高温合金的 1/4，但比强度高 5 倍，因此，普遍认为是在发动机推力与质量比在 20~30 时的热端件优选材料，它对宇航飞机、发动机减重、节油、提高发动机推力与重量比值、增大飞行半径与航程、提高战技术比能均是极具前景的材料。

（周　清）

21世纪的绿色能源——固体氧化物燃料电池

～～～～～～～～～～～～～～～～～～～

　　按照现有的消耗量推算，到 2020 年，我国将需要一次能源 32 亿吨标煤。与此同时，由于火力发电产生的废水、废气、废渣造成了酸雨危害、温室效应和破坏臭氧层等不良后果，严重危害人类健康。

　　能不能开发一种清洁、高效、无污染的发电技术呢？答案是肯定的，SOFC（固体氧化物燃料电池）就是其中之一。

　　SOFC 是一种将化学能直接转化为电能的发电装置，主要由阳极、电解质、阴极 3 部分组成。阳极和阴极呈多孔结构，电子电导率高、催化活性好。致密的电解质位于阳极和阴极之间，可以阻止两极气体的相互渗透，由于其具有单纯的离子电导性，氧离子可以在电解质内部传输。当向阴极和阳极分别通入氧化气体（如空气）和燃料气体（如氢气）时，在氧浓度差的推动下，氧化气体中的氧气在阴极/电解质界面上产生氧离子，氧离子经过致密的固体电解质到达阳极界面，与阳极/电解质界面的氢气结合成水，释放的电子经外电路到达阴极，形成闭合回路。只要保证氧化剂和燃料气体的连续供应，SOFC就能源源不断地输出电能。

1839年，格罗夫发表了世界第一篇有关燃料电池的报告。1932年，培根利用氢气和氧气，成功地试制出第一台燃料电池。20世纪60年代，燃料电池系统作为阿波罗登月飞船的主电源，为人类登月做出了贡献，这预示着燃料电池技术的蓬勃发展。进入20世纪70年代，由于燃料电池在航天飞行中的成功应用和世界性能源危机的出现，提高燃料有效利用率的呼声日高。SOFC是继磷酸盐燃料电池和熔融碳酸盐燃料电池之后的第三代燃料电池。由于工作温度较高（800 ℃～1 000 ℃），除氢气外，SOFC还可以采用天然气、煤气或其他碳氢化合物作为燃料气体，余热可以与燃气、蒸汽轮机联合循环发电，因此引起人们更大的兴趣。

区别于传统的发电装置，SOFC直接将燃料的化学能转化为电能，不经过中间的燃烧过程，这就避免了化学能——热能——机械能——电能这一复杂转换过程中的能量损失，具有高达45%～60%的能量转换效率；而且，燃料电池系统释放的污染物比传统的直接燃烧要降低几个数量级；运行噪声低；使用全固态组件，规模容易放大。SOFC 的另一个显著特点是除了传统的氢气以外，还可以使用多种碳氢化合物作为燃料，这样就能大大地降低运行成本。

大规模的 SOFC 是由单体电池通过串联或并联堆叠而成的电池堆。1987 年，美国西屋电气公司与日本东京煤气公司、大阪煤气公司共同开发了 3 千瓦圆管式电池模块。1997 年 12 月，西门子西屋公司在荷兰安装了第一组 100 千瓦的管状 SOFC，由 1 152 个单体组成。1995 年，三菱重工开发出 10 千瓦级平板型 SOFC，运行了 500 小时。此外，加拿大的环球热电公司、美国 GE 和 ZTek 等公司都在从事平板式 SOFC 的研究。

在国内，SOFC 技术近几年也获得了充分重视。中国科学院上海硅酸盐研究所、中国科学院大连化学物理研究所、吉林大学、清华大学、中国科技大学等单位在"九五"期间就开展了 SOFC 的研究。上海硅酸盐研究所在探索了各种电池组元件的基础上，于 2001 年 3 月组装了由 80 个单电池组成的平板型电池堆，功率达到 800 瓦。

目前，仍有许多技术难题亟待解决。例如，SOFC 的发电性能还没有达到理想状态，燃料利用率相对较低，长期稳定性也有待提高，生产成本远高于传统的火力发电，SOFC 的潜力还没有完全显现出来。国内外无数的科学家正在用他们的聪明智慧为我们描绘明天的蓝图。

相信在不久的将来，SOFC 就可以进入我们的生活。它既可以作为分散小型发电设备，为偏远的山区或私家别墅提供电能，省去庞杂的输电线路，也可以作为轮船舰艇以及宇航等特殊场合的辅助电源，技术成熟后还有可能作为大型电站来缓解日益突出的能源危机。到那时，我们就不必为日趋污浊的天空叹息，不必为隆隆的噪声所干扰，不必为日渐紧张的电能忧心忡忡……憧憬明天，那一定是件很美好的事情。

（李松丽）

 知识链接

固体氧化物燃料电池研究获两项重大进展

据美国物理学家组织网 2010 年 11 月 17 日报道，美国哈佛大学的科学家最近报告了其在固体氧化物燃料电池领域取得的两项进展：其一是电池中不再使用铂材料；其二是将电池的运行温度降低至 300 摄氏度到 500 摄氏度之间。研究人员表示，基于固体氧化物燃料电池在更低的操作温度、更丰富的燃料来源以及更便宜的材料方面取得的进步，固体氧化物燃料电池可能很快成为一项主流技术，未来将能给手提电脑或手机供电。

看得见原子的显微镜

~~~~~~

    人类很早的时候就注意到生活中客体的大小，在形容大的时候，就说"须弥""泰山"，形容小的时候就说"芥子之微""秋毫之末"。可见在古人的眼光里，"芥子"和"秋毫"是最小的东西了，但这些远远没有达到我们所说的纳米量级（10^{-9} 米，即 10 亿分之一米）。

    在人工制作的小尺寸的世界里，微型艺术是最先闻名于世的。首先是"微雕"。大家也许读过著名的《核舟记》，文中描述了一艘用橄榄核刻的船，窗子可以开合，上面居然还写着"山高月小、水落石出"8 个字，令人叹为观止。这艘船的最小部件只有 0.1 毫米，即 100 微米。而"方寸之上写一部大书"（指的是《红楼梦》），当然极其不易，但探究起来，在 30 毫米 × 30 毫米上写 1 107 000 字，平均每字占的面积（连周围空隙）约为 30

微米 ×30 微米，这些比起纳米世界的东西来，简直是庞然大物。

从具体的物质来说，人们往往用"细如发丝"来形容纤细的东西，其实人的头发一般直径为 20~50 微米，并不细。单个细菌虽然用肉眼看不出来，但用显微镜测出直径为 5 微米，也不算小。最小可组成物质的基本单位是原子，氢原子的直径为 0.1 纳米，一般金属原子为 0.3~0.4 纳米。1 纳米大体上相当于 4 个原子的直径。每边 2.5 纳米的立方块可容纳 1 000 个原子。

微雕用放大镜就可以看清楚，但是原子那么小，我们怎么才能看得到呢？

有了想法和动力，聪明的人类就发明了可以看原子的显微镜——STM（扫描隧道显微镜）。

STM 本来是一种用来观察表面形貌的仪器，其基本结构主要包括一个用压电陶瓷驱动的针尖和一个放置固体样品的平台。针尖尖端的尺寸可以小到原子尺度，它所加的电压不大，仅为 1 伏左右，但它同平台上样品之间的距离很小，可以是零点几纳米到几纳米，因此它们之间有很强的电场。由于量子效应，这个电场使针尖发射隧道电流。这个电流与距离之间成指数的反比关系，定量地说，距离越小，电流增加越急剧。于是在尖端做从左到右和从上到下的扫描时，测量这个电流就可以得到样品表面（高低）的显微图像，在一定的条件下可以达到原子分辨率，即成为"看得见原子的显微镜"。

由于 STM 结构简单却能观察到原子分辨级的表面图

像，发明者比尼格和鲁勒因此获得了诺贝尔物理奖。20余年来，已经发现除观察表面形貌（只能是导电材料）外，STM针尖所产生的强电场还有很多其他用途，例如制作纳米厚度聚合物薄膜、纳米导线、非易失性存储器等。最后它还可以用来探索一种新的可能性，即制作基于原子操纵的电子器件（原子器件）。因此，STM的发明彻底改变了人们对于介观（介于宏观和微观之间）材料世界的认识。

大家知道，常用的光盘存储器的容量最终取决于"写入"和"读出"用的激光光斑的作用范围，至今在100纳米数量级。但如果用STM的针尖在电双稳薄膜表面"写入"和"读出"信息，则作用范围很容易做到直径5～10纳米，因此，存储密度更可高达数百吉位（Gb），相当于数十张DVD。

更神奇的是，使用STM人类首次实现了"分子算盘"的拨算，而这都归功于基于STM的原子操纵。所谓原子操纵是指把单个原子安放在选择好的位置上，或者把原子一个接一个地排列为按设计规定的结构，它分为平行式和垂直式两类。前者是使吸附在固体表面的原子沿表面迁移；后者是使吸附原子从表面迁移到STM针尖上，然后从针尖迁移到表面，也可以直接把构成针尖的原子洒向表面。

1990年美国IBM研究实验室利用STM，在低温、真空的状态下，在镍表面将35个氙原子排成最小的"IBM"字样。同年，IBM又利用STM操纵分子，将28

个 CO 分子在铂表面上排布成世界上最小、高仅为 5 纳米的"分子人"。中国科学院北京真空物理实验室在超高真空条件下,用 STM 对清洁的 Si（111）-7*7 表面进行了多次试验,可取出单个原子、挖沟（刻蚀）、堆垛、"移山填海"等各种工艺,并写出"中国"两个字。

如果在单晶硅的规则表面上用原子操纵法挖沟,留下一排两边都是沟道的原子堤岸（"原子线"）,然后在这条线上放上一个原子（任何元素）。这里的"无"和"有"外来原子就形成两种状态"0""1",也就有开关或存储信息的作用。

由于 STM 只能对表面导电的材料进行观测,因此 Binnig 苦思冥想,希望能解决绝缘材料表面原子级的观察。一天,他躺在正在装修的屋子里,看到工人正在用台阶仪针尖不停敲打以测量天花板的平整程度,于是他大受启发,发现利用微针尖不停敲打样品表面时,针尖受到的范德瓦尔斯作用力不同,从而反映样品表面原子高低起伏轮廓的原理,并因此发明了原子力显微镜（AFM）,从而彻底解决了人类对各种材料的原子级观察。

将来的某一天,如果美国国会图书馆内所有的信息可以压缩在一块方糖那样尺寸的器件之中;如果癌病变在只有几个细胞那样大小时就可以被探测到;如果我们现在的庞大笨重的个人电脑可以用比手掌还小的一块极轻的薄膜来代替的话,你是否也会发出"盖技艺灵哉"的感慨呢?

（蔡闻捷）

"战略新材料"碳化硅

我的名字叫碳化硅，由地球上最丰富的硅元素与碳元素组成，我的化学符号为 SiC。我的出生非常特别，在 18 世纪时，人们在合成人造金刚钻过程中，企图用硅作为催化剂，促进金刚钻的合成，偶尔发现了一种新的物质——碳化硅，从此我就诞生了。由于是在合成金刚钻过程中发现的，人们就对我特别重视，科学家们纷纷对我进行了深入、仔细的研究。经过一个多世纪的培育，使我身上的许多优越性能被充分挖掘出来。今天，在航天、航空、电子工业、石油化工、汽车、机械、机车、冶金、船舶等领域均能见到我的身影。人们对我越来越重视，不仅使我原先的结构性能得以发展，而且也将我功能方面的性能发挥了出来，使我成为集结构、光学、电子等各种性能于一身的材料。难怪有些人将我叫成"战略新材料"。

　　为什么我有这么多的功能呢？因为我的内部有非常特殊的结构。我的体内是由像积木一样的硅碳四面体单晶胞通过不同的堆积方式而成的各种多型体，由于堆积的方式不同，至今已发现有几百种晶体结构的碳化硅多型体，但密度却基本相同，约为 3.21 克/厘米^3 左右，因此我是一种较轻的化合物。我具有相当优良的力学（高强、高硬度、耐磨损）、化学（耐酸、碱腐蚀）、热学（高热导、无熔点，分解温度＞2 600 ℃）、电学（从绝缘、半导到导体可通过掺杂来调节）性能，而且还具有耐辐射和吸波等特性。

　　物理学家在研究我的各种性能特点过程中，发现我具有很独特的物理与电子学特性，将铝、硼、氮等离子掺杂进我的内部结构中，可以制备成高温、高频、大功率和抗辐射的宽带隙半导体材料。众所周知，航天航空、核能仪器、人造卫星、太空探测和地热勘探，以及汽车等领域要求电子系统不仅能够在较高温度下工作，还能在大功率、高频及强辐射环境下使用，就像人们在探测太阳系的行星——金星时，所有的仪器元器件均要经受 560 ℃的高温。这样，原先半导体器件所用的硅材料就不行了，只有我做成的芯片在没有冷却装置的情况下仍能正常运作。难怪有些科学家预言，芯片制造领域用我来取代硅片已为时不远了。

　　《西游记》中如来佛的照妖镜在十万八千里外就能对地面的情况一目了然的神话，现在已变成现实。当今世界各国对空间探测给予极大的重视，发射了许多种不同功能的人造卫星。在人造卫星上安装了各种相机，在高空将地面上的地貌和军事设施等重要情报，通过安装在相机中的反射镜将接收到的各种光波谱信号反射到接收器中，转换成数字信号发送到地面，再转变成所需的图像。难怪世界各军事强国均对空间相机的研究与发展给予极大的关注。为了提高分辨率，反射镜越做越大，从几百毫米发展到 1 米以上，甚至做成伞形，在地面发射升空前呈收伞状，到空中伞打开成一面大镜子，这样，分辨率又得到不断的提高。空间相机中关键部件是反射镜，对材料要求非常之高，它要求材料的密度要低，刚性要强；制备成的镜子表面质量要非常高，平整度达到埃级，对各种光谱的反射率要高，光学系统具有宽波范围，从紫外光到可见光，再到远红外光，光学系统都应具有良好的成像质量。加上空间的环境温度变化较大，还要求反射镜材料的热传导性非常好，以抵消空间温差造成的形变。可以制备反射镜的材料有石英玻璃、金属铍等等材料，但由于我的综合性能最好，因此近十几年来我异军突起，成为反射镜材料中的佼佼者。同样大小的反射镜，我可以减重 70% 以上。通过科学家的不断努力，现在用我已可制备出直径 90 毫米质量小于 30 克、直径 230 毫米质量小于 400 克和直径为 1 米质量仅 27 千克的反射镜。

在航天工业中，火箭的发射与飞行过程中，由于气动摩擦，头部防热材料可产生高达几千度的高温，材料学家又将我制备成纤维，使得强度和弹性模量等提高几倍，甚至 10 倍以上。加上我本身是一种耐高温与吸波材料，因此人们将我制成的纤维与其他陶瓷材料复合起来制备成功能型复合材料。这种复合材料具有导电、摩擦、屏蔽、阻燃、防热、吸波、隔热等性能，可制成防热的导弹头、火箭的尾喷口、导弹的导向叶片等等。

现代战争中，隐身技术已成为一门新兴技术，除了隐身设计之外，科学家们又将我研制成纳米级的粉体，与其他吸波材料及有机材料混合起来，做成涂料涂在战机、军舰、坦克等等军事目标的表面，当雷达波发射过来时，这层涂层把雷达波吸收掉，起到隐身作用。又因为我的密度低，强度高，人们又将我与芳伦和高强金属复合后做成防弹衣，以及用在坦克、车辆、兵舰等的防弹装甲上。

目前科学家还将我制备成很细很细的粉体，然后通过高温烧结成各种各样的耐磨部件，这些部件具有自润滑性，耐各种的酸、碱的腐蚀，可以在 1 300 ℃的高温下使用，被认为是新一代动密封材料。在石油化工、化学工业中的酸碱泵、磁力泵，西气东输过程中的压缩机的气动密封以及汽车中水冷却泵等等各种各样的动密封环、滑动轴承中大显身手，使这些机泵既可在几千转到两万转及酸碱条件下运动，又能做到不漏，使汽车的冷却水泵可以在每分钟 6 000 转的高速下转动，保持发动机正常运转。

我的功能真是太多太多了，上天入地、军用民用、

◀ 轻量化碳化硅反射镜

▲ 碳化硅-碳复合火箭喷嘴

▲ 火箭喷嘴在试验中

各工业领域均有我的身影，你们看，我是不是战略新材料？

（谭寿洪）

超导材料

科学的魅力在于发现。1911 年的一天，荷兰莱顿大学的物理实验室里，昂尼斯教授正在专心致志地研究水银的低温性能。他先将水银冷却到 –40 ℃，凝固成一条水银线；然后，再在水银线中通上电流，并一步步地降低水银的温度，当温度降低到 –269.03 ℃，也就是绝对温度 4.12 K 时，奇迹出现了：水银的电阻突然消失了，电流在导线中畅通无阻，不再消耗能量！如果电路是闭合的，电流就可以永无休止地流动下去。有人就做了这样的实验：将一个铅环冷却到绝对温度 7.25 K 以下，用磁铁在铅环中感应生成几百安培的电流。从 1954 年 3 月开始，在和外界隔绝的情况下，一直到 1956 年 9 月，铅环中的电流数值没有变化，仍在不停地循环流动。超导现象由此而得到认可。昂尼斯也因为其在超导方面的卓越贡献获得了 1913 年的诺贝尔物理学奖。

此后，人们陆续发现 28 种元素和很多种合金及化合物在低温下都具有超导现象，但是临界温度比较低，最高的是 1973 年发

▲ 并入电网的高温超导电力电缆

现的铌三锗合金体系，临界温度为 23.2 K。1986 年，奇迹出现了，德国和瑞士物理学家柏诺兹和缪勒发现钡镧铜氧化物陶瓷居然也有超导现象，而且临界温度为 35 K，比金属单质和合金一下子提高了近 12 K，打破了原本人们印象中陶瓷不导电的观念，这种情况引起了科学家对氧化物陶瓷高温超导体的极大兴趣和高度重视。1986 年底，中国科学院的赵忠贤研究组获得了起始转变温度为 48.6 K 的镧锶铜氧化物陶瓷。1987 年，美籍华裔科学家、美国休斯敦大学的朱经武教授获得了起始转变温度为 93 K 的钇钡铜氧化物陶瓷。1988 年，中国科学院发现了超导临界温度为 120 K 的钙铊钡铜氧化物陶瓷。这些成就表明我国高温超导材料的研究已名列世界前茅。

为什么超导体在临界温度以下会具有零电阻特性呢？以金属为例，我们知道，常温下金属的原子失去外层电子成为正离子，规则排列在晶格的结点上，作微小振动。而摆脱束缚的自由电子则无序地充满在正离子周围，形成所谓"电子云"。在一定电压的作用下，自由电子作定向运

▲ 迈斯纳效应

动形成电流，在运动中受到阻碍。而随着温度不断地下降，当降至临界温度以下时，自由电子将不再完全无序地"单独行动"。由于晶格的振动，每两个电子将"手挽手"地结合成"电子对"，温度愈低，电子对愈多，结合愈牢固，不同电子对之间相互的作用力愈弱，对电流阻碍作用愈小。这是许多科学家对金属超导现象做出的解释。但是，陶瓷超导体的发现又进一步促使人们不断去深入探索超导的奥秘，目前对于陶瓷超导的理论解释尚未有统一的认识。更有科学家预言，常温超导体的出现将是自然科学的又一次伟大突破。读到这里，你是否也抱着欣喜的心情而跃跃欲试呢？

超导体的另一个奇妙的特性是抗磁性，也叫迈斯纳效应。即在磁场中，一个超导体只要处于超导态，则它内部产生的磁化强度与外磁场完全抵消，从而内部的磁感应强度为零。人们正是利用超导体的完全抗磁性，研制成功了高速超导磁浮列车。

1966 年，美国首先提出制造超导磁浮列车的设想。此后，美国，以及英国、日本、德国等国家都进行了开发和研制。目前，日本、德国的超导磁浮列车已在实验室研制成功，车速高达 500 千米 / 小时。我国西南交通大学已经在实验室研制成功超导磁浮列车，取名为"世纪

▲ 已经商业化的上海磁浮列车

▲ 西南交通大学实验室研发成功的超导磁浮列车"世纪号"

号"（见图）。乘坐这种超导磁浮列车，从上海到北京只需要 2 小时 48 分钟。也许读者要问，上海的世界上第一条商业化磁浮列车线是不是运用了超导磁浮的原理呢？不是的！它是直接利用交流电形成的电磁体与列车上的磁铁相互作用产生的排斥力，使得车体悬浮于轨道之上行进的，尚未运用到超导磁体。

超导现象的最直接、最诱人的应用是用超导体制造输电电缆。因为超导体的主要特性是零电阻，因而允许在较小截面的电缆上输送较大的电流，而且基本上不发热和不损耗能量。目前，第一代超导线材——铋氧化物线材已达到商业化应用水平。用超导线圈通以电流制成的超导磁场更是正在成功应用于制造超导发电机上，其输出功率是传统发电机的 20 倍以上，可超过 2 000 万千瓦。另外，在电磁信号的检测方面，超导量子干涉仪可以检测到地球磁场的几十亿分之一，在人体心磁和脑磁的医学研究方面有着巨大的潜力。

将来，随着超导基础理论的发展，超导材料的进一步商业化应用，超导材料还可以用于制造威力无比的快速激光炮、具有人工智能的超导电子计算机、能明察秋毫的电子显微镜、先进医疗器械核磁共振诊断摄像机等。为此人们正在开拓思路，扩大视野，不断学习和研究。亲爱的朋友，超导材料还有更多奇妙的用途等着你去发现呢！

（闫永杰）

帮助集成电路"退热"的材料

从 1946 年情人节那天，在美国费城诞生的标志现代计算机发展史上里程碑的第一台普通用途的电子管计算机——ENIAC 开始，计算机相继经历了电子管、晶体管、集成电路和大规模集成电路阶段，目前已经发展到超大规模集成电路阶段，在米粒大小的硅片上，可以装上 15.6 万只晶体管，放在显微镜下观察，它就像一座"电子城市"，那密密麻麻的电子电路，就像一块块街区；纵横交错的导线，就像一条条马路。科学家们推测，不久的将来，还有可能在米粒大小的硅片上制造几亿个晶体元件呢！

在计算机发展过程中，如何散热一直是个令人头痛的大问题。在高密度的集成电路"电子城市"里，散热问题显得极为突出。统计性分析表明，电子产品失效原因中，55% 是高热造成的。如果让集成电路一直处于"高烧"状态，就会损坏集成电路里面的"五脏六腑"，导致工作不稳定、缩短使用寿命甚至直接导致元器件烧毁。要从根本上解决此问题，必须采用新材料，为此，研究高热导率材料是解决电路散热问题的最有效途径。

作为集成电路的散热材料，一是要有高的导热性能，二是要具有电绝缘性质。一般绝缘体的导热能力小，但也有特殊情况，如金刚石，但它的价格非常昂贵，不宜大量用作集成电路材料；氧化铍导热性能和电绝缘性能都不差，但属于高毒性物质，对人体的危害较大。所以，目前用于制造高热导率电绝缘陶瓷材料的主要集中在几种氮化物陶瓷——六方氮化硼（hBN）和氮化铝（ALN）陶瓷。

六方氮化硼和氮化铝陶瓷之所以热传导好，与它们的分子结构有关。它们的晶体结构简单，结构单元的原子种类较少，原子量或平均原子量较低，从而降低了对热量传导的干扰和散射，使热导率增加。

六方氮化硼陶瓷具有良好的介电性，特别是在高温下并不降低多少，是陶瓷中最好的高温绝缘材料，但要使它在大规模集成电路中得到广泛的应用，必须提高它的致密度。目前六方氮化硼陶瓷还用来制作耐高温、高导热、高绝缘、耐腐蚀等部件，如火箭燃烧室内衬、宇宙飞船的热屏障。

氮化铝是新一代高导热氮化物陶瓷，也是平均原子量较低的二元化合物，因而热导率很高，尤其是随着温度的升高热导率降低缓慢。它的热膨胀系数与半导体硅材料相近，是为较理想的半导体封装用基板材料，在新一代大规模集成电路、半导体模块电路、大功率器件中获得广泛应用。

近几年来，科学家发现氮化硅陶瓷（Si_3N_4）也具有高热导

▲ 半透明 ALN 陶瓷

材料的特征。氮化硅陶瓷与氮化铝陶瓷相比，具有不可替代的优势，氮化硅陶瓷强度和韧性大约是氮化铝陶瓷的两倍，绝缘性及热膨胀系数都相当。另外，理论计算和实验研究均表明，氮化硅陶瓷材料在抗急冷急热性能方面具有绝对的优势。在导热性能相当的情况下，氮化硅优良的力学性能保证了氮化硅陶瓷基片即使做得更薄，仍能满足强度的要求，而且成本也低，因此它正在成为新的研究热点，有望在不久的将来发挥其在半导体电子封装材料方面的作用。

随着集成电路向规模化和超大规模化发展，IC 芯片

电路密度增加、功率提高，对材料的热导、介电性能、热膨胀系数等提出了更高的要求，氮化硼、氮化铝和氮化硅等氮化物陶瓷以其优异的导热性能，正在微电子领域崭露头角，成为高技术领域的宠儿。历史在发展，技术在演变，高导热材料的研究和发展方兴未艾，它一定会在人类未来的生产和生活中大展宏图，让我们翘首以待吧！

（江国健）

透明陶瓷

～～～～～～～～～～～～～～～～～～～～～

　　一个深秋的凌晨，浓重的雾气笼罩着大地。公路上，看不清数米以外的景物。只有路边的高压钠灯的黄光顽强地刺穿浓雾，照亮了路面。

　　反恐突击队员们佩戴着防强闪光护目镜，乘车迅速地包围了目标建筑。在灯光昏暗的小楼里，恐怖分子紧张地注视着周围。

　　突然间，接连响起几声爆炸声。顿时，小楼四周闪现出极其强烈刺目的白光。突击队员们立即冲了进去。奇怪的是，恐怖分子竟然没有进行有效的抵抗，只是茫然地瞪大了双眼，胡乱地放了几枪，很快就被突击队员们缴了枪。人质被成功地解救了出来……原来，突击队使用了高能强光弹，爆炸产生的强闪光使恐怖分子的视网膜上的神经在瞬间被"漂白"，产生了强烈的闪光盲，成了睁眼瞎（可在一定的时间内缓慢地恢复）；而突击队员们佩戴的护目镜对可见光的透过率在几十微秒内自动地降低了数千倍，然后，又随着闪光的减弱而迅速地复明，有效地保证了突击队员的战斗力。

这是一个假想的反恐演习。

在这次演习中，悄然无声地发挥着神奇作用的高压钠灯和防强闪光护目镜的关键部件都是采用透明陶瓷制作的：透明氧化铝陶瓷灯管，掺镧锆钛酸铅透明铁电陶瓷。

陶瓷是透明的吗？钠灯为什么要用陶瓷灯管？透明铁电陶瓷又是什么？

陶瓷，对于我们来说，实在是太熟悉了。宜兴的紫砂壶，是多孔的陶；景德镇的餐具，是致密的、上了釉的瓷；而在社会生活中发挥着巨大作用的，是各种各样的结构陶瓷和功能陶瓷。但是，人们一般都不会把它们与"透明"一词联系在一起。

20 世纪 50 年代末，透明氧化铝陶瓷在美国诞生。它像玻璃一样透明，却比玻璃更耐高温、耐腐蚀，化学稳定性更好，强度更高。它的诞生，推动了照明技术的发展。

能源的日益紧缺，大雾、风沙、狂风暴雨等恶劣的气候条件对环境照明技术提出了新的要求：光效要高，功耗要小，恶劣气候条件下光线的穿透力要强。在可见光范围内，金属钠在高温下发出的黄光的穿透力最强，而且它的光效高，功耗小。但是，钠灯的工作温度很高（1 000 ℃以上，最高可达 1 400 ℃），同时钠蒸气又具有强烈的腐蚀性。如果用传统的玻璃灯管会软化，会因被腐蚀、漏气而失效。于是，透明氧化铝陶瓷进入了人们的视线。从 1965 年第一支透明氧化铝陶瓷钠灯灯管走上生产线起，到目前为止，全世界的城市照明街灯中高压钠灯约占 90%。

从此以后，人们更进一步地研究开发新的透明陶瓷。

20 世纪 60 年代末，在对铁电陶瓷的改性研究的过程中，掺镧锆钛酸铅透明铁电陶瓷（PLZT 陶瓷）问世了。它不仅具有像玻璃一样的光学透过率，同时还具有铁电陶瓷的几乎所有的功能特性。在电场的作用下，它的光学折射率会发生可逆的变化（电控双折射效应），在一定的结构设计中可以做成光开关，高速稳定地自动调节通过光的光强；在电场的作用下，它会可逆地产生光散射现象，从透明态变成毛玻璃态（电控光散射效应）等。强闪光护目镜就是它的应用实例之一。

为什么普通的陶瓷是不透明的？透明陶瓷是怎样才变得透明的？

陶瓷是采用粉体原料压制成形后经过高温烧结而成的，体内存在着大量的气孔、第二相、随机取向的晶粒界面、缺陷等等，使入射光在通过这些部位时产生无规则的折射、反射而失透。这可以从下述的现象中得到解释：

水压很高的时候，打开水龙头，可以发现放出来的水是浑浊的，连盆底的金属下水圈都看不见了。正当我们在寻找原因时，水慢慢地变清了，很快地又变得清澈透明了。这是因为放水时混入了大量的气泡，随后又慢慢地逸出了的缘故。当我们在这清水中慢慢注入牛奶时，水就变成乳白色，而且越来越白，同样也不透明了。这就是性质不同于水的第二相（牛奶）在起作用。装修过住房的人也许知道，用两层玻璃将相同质地的钢化玻璃碎粒黏结成的夹板作为卫生间的门玻璃，既美观，又不透明。这就是玻璃碎粒所形成的随机取向的界面，造成了无规则的折射、反射所带来的结果。

在普通陶瓷中，这几种缺陷都存在。这就决定了普通陶瓷是不透明的。

透明陶瓷，由于采取了非常特殊的工艺制备方法，这些问题都得到一一解决，使它的内部结构和化学成分非常均匀，没有气孔和缺陷，而且结构非常精细。

透明氧化铝陶瓷是采用微量氧化镁掺杂的超细氧化铝粉体，经过等静压成形后，在氢气下高温烧结而成的。而掺镧锆钛酸铅透明铁电陶瓷则是采用高纯、超细的粉体制备的，所采用的烧结工艺是在氧气条件下的高温、高压烧结。

到目前为止，除了上述两种透明陶瓷之外，已经出现了诸如氧化镁、氧化钪、钇榴石榴石等十多种透明陶瓷。由于它们具有高的光学透过率、优异的化学稳定性、耐高温、耐腐蚀，同时还具有优异的介电、铁电、电光等性能，所以，它们将在照明技术、激光技术、光通信技术、电子技术、高温技术等领域中发挥出巨大的作用。

（郑鑫森）

透明陶瓷

　　透明陶瓷是对陶瓷原料纯度要求更高的新型陶瓷，杂质含量必须低于万分之一，而且透明陶瓷内部的晶粒形貌和尺寸都必须均匀分布，所以透明陶瓷也被认为是所有陶瓷中最完美的一个家族。

　　制作透明陶瓷需要结合具体陶瓷材料的高温物理化学性质找到最合适的烧结工艺。其中最主要的要求就是陶瓷晶粒尺寸一定要均匀，气孔率要低，体积密度要趋近理论密度。

　　现在已经有很多材料能够制备成透明陶瓷，其中美国在 1962 年首次制造出了氧化铝透明陶瓷，随后氧化钇、氧化镁、氧化锆等透明陶瓷也相继问世。这些透明陶瓷的研究和发展给医学、光学、高能物理等相关学科的研究提供了材料基础，也给透明陶瓷科学分支发展提供了一个良好的机遇。

反磨损"卫士"——高温耐磨陶瓷涂层

摩擦与磨损是一种普遍存在的现象，凡两个或两个以上物体相互接触并相对运动的表面都会发生摩擦与磨损。摩擦与磨损对人类的生产和生活有着深远的影响。人类对摩擦的最早接触应该是从原始人类的"摩擦取火"开始的，摩擦取火第一次使人类支配了一种自然力，从而最终把人类和动物分开。我国古代车的发明则是由滚动摩擦代替滑动摩擦而减少摩擦磨损的光辉范例。此外，摩擦轮、皮带轮传动、各种车辆制动器等都是利用摩擦为人类服务的典型实例。但是，我们应该一分为二地看问题，这样一种普遍存在的自然现象又会给社会带来怎样的危害呢？

摩擦与磨损给人类社会带来的损失也是非常惊人的。据不完全统计，世界上工业部门生产的能源有 1/3～1/2

消耗于各种形式的磨损上；汽车中各种摩擦消耗的功率约为其有效功率的 20%～50%；有些纺织机械中因摩擦损失的平均能耗占其能耗的 85% 左右。例如美国 1981 年公布的数字，每年由于磨损造成的损失高达 1 000 亿美元，其中材料消耗约为

200 亿美元，相当于材料年产量的 7%；前联邦德国 1974 年钢铁工业的维修费为 30 亿马克，其中直接由于磨损造成的损失约占 47%，停机修理所造成的损失与磨损直接造成的损失竟然相当；苏联由于磨损造成的损失，每年约为 120 亿～140 亿卢布。我国虽然对于摩擦磨损所造成的损失尚缺乏全面的统计数字，但据建材、电力、煤炭、冶金矿山和农机等 5 个工业部门的不完全统计，每年仅备件消耗的钢材就在 150 万吨以上；而机械工业部 1974 到 1975 年的调查报告中显示，仅汽车备件消耗就达 23 万吨，其中 2/3 用于维修，大部分是由于磨损所致。

从上面这一个个触目惊心的数字中，我们可以清楚地看到摩擦磨损给人类社会带来了多么大的伤害。摩擦与磨损不仅消耗大量能源与材料，而且由于更换磨损零部件时的停工、维修，以及因磨损使产品质量降低造成的设备及人身事故等也严重地影响了工业技术向现代化

▲ 等离子喷涂氧化物高温耐磨陶瓷涂层的部件

自动化发展。所以对摩擦与磨损的研究，特别是在工业发达国家，越来越引起了人们的重视。

有摩擦必然伴随着摩擦面的磨损，而有磨损也很容易想到润滑。在摩擦接触表面上添加一定的润滑剂是减少摩擦、降低磨损的有效而又经济的手段。但是，任何实践只有在科学的理论指导下才可能会是合理的，因此，深入研究摩擦学这一学科技术，并使之真正地指导实际，这对于减少摩擦与磨损给人类带来的危害是极为关键的。同时，伴随着理论研究的逐步深入，一些先进的表面工程技术也先后问世。利用表面涂层技术在摩擦部件的表面制得高温耐磨陶瓷涂层对于摩擦与磨损的减少，在反复的实践中已经被证明是极为有效的，这引起了摩擦学界的极大关注，被美其名为"反磨损卫士"。如将氧化铬、氧化铝-氧化钛陶瓷涂层加涂于泵轴和磨坏表面，不但能够较少磨损损失，还能有效地解决石化工业的"跑、冒、滴、漏"。

那究竟什么是高温耐磨陶瓷涂层呢？它的形成机制如何？又怎样起到耐磨的作用的呢？通过各种涂层技术（主要是热喷涂技术，如等离子喷涂、电弧喷涂、高速火焰喷涂、爆炸喷涂及激光喷涂等）在基体（一般是金属摩擦零件）表面涂敷一层陶瓷涂层，而陶瓷材料由于具有高熔点、高硬度、高化学稳定性、摩擦系数小等优点，这样，陶瓷涂层若与金属形成复合体，则将既有陶瓷材料的耐热、耐磨、

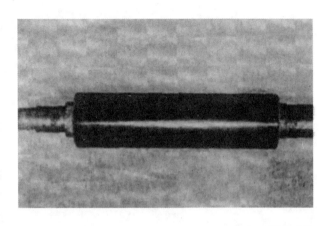

▲ 等离子喷涂氧化物高温耐磨陶瓷涂层的部件

耐腐蚀性能，又兼有金属材料的良好性能，从而可以减少摩擦与磨损带来的危害，大大延长金属基体的使用寿命。等离子喷涂技术是利用电弧等离子体作为热源，将粉末材料熔化，经高速气流雾化撞击于基体材料表面形成涂层，具有温度高、可喷涂的材料范围广、工件不带电、基体材料范围广、基体受热损伤小、涂层质量高等优点，因此尤其受关注。常用的等离子喷涂陶瓷材料主要有氧化物（Cr_2O_3、Al_2O_3、TiO_2、Al_2O_3-TiO_2）和碳化物（WC-Co 和 Cr_3C_2-NiCr），涂层的可加工性能好，经研磨抛光，涂层表面的光洁度可小于 0.02 μm。等离子喷涂高温耐磨涂层在很多领域里已经得到了广泛的应用：Al_2O_3-TiO_2 陶瓷涂层广泛应用于泥浆泵活塞杆、柱塞泵柱塞绝密封体、液压系统蝶形阀-放泄阀塞和密封件、汽缸衬套等耐磨料磨损；Cr_3C_2-NiCr 这一理想的抗摩擦磨损涂层在刀具、涡轮、轴承等耐磨损中也发挥着极为重要的作用。

人们对摩擦与磨损现象日益增多的关注，以及表面涂层技术的不断创新，必将使高温耐磨陶瓷涂层在反磨损领域里做出更大的贡献，成为名副其实的"反磨损卫士"。

（尹志坚）

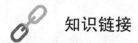 知识链接

耐磨陶瓷

耐磨陶瓷是以氧化铝为主要原料，以稀有金属氧化物为熔剂，经 1 700 度高温焙烧而成的特种刚玉陶瓷，再分别用特种橡胶和高强度的有机或无机黏合剂组合而成的产品。

耐磨陶瓷性能特点：

1. 硬度大，其硬度仅次于金刚石，远远超过耐磨钢和不锈钢的耐磨性能。

2. 耐磨性能极好，其耐磨性相当于锰钢的 266 倍，高铬铸铁的 171.5 倍。

3. 重量轻，其密度仅为钢铁的一半，可大大减轻设备负荷。

4. 粘接牢固、耐热性能好。

现代建筑玻璃

~~~~~~

　　现在人们在工作和生活中，特别重视防止噪声、抗热、防火、防盗以及防止放射线的辐射。现代高层建筑物的窗户都装有表面反射率较大的涂膜玻璃，涂膜玻璃上的涂层又可防止大量的热辐射。另一种充满空气的多层窗玻璃也有明显的隔热作用。美国茨舒特公司研制的带有 3 层玻璃板的隔热玻璃，其隔热性能可与一堵厚 40 厘米的砖墙相媲美。还有一种多层玻璃系统能把飞机场的轰鸣声降低到居民住宅区夜深人静时的水平。"全防"玻璃及其他防弹玻璃既不怕猛烈的拳击，也抵得住枪弹的袭击。这种玻璃由不同强度的玻璃层组成，各层间夹有质地坚韧的合成物质。在德国汉诺威举行的国际建筑专业会上，展示了一种新的防火玻璃：它可在 30 分钟内阻隔火焰和燃气透过，经得起高温的冲击。该玻璃由数

▲ 防火玻璃

块玻璃板复合而成，总厚度 15 毫米，中间没有镶嵌物，具有良好的隔音性能。遇到火灾时，受热侧的玻璃板碎掉后，中间层立即会发泡，使玻璃失去透明性，变成又硬又厚的隔热板，并马上与另一侧的玻璃板紧紧黏合在一起，增强了玻璃复合体的强度，直到熔化后掉下来为止。这种防火玻璃除了作窗玻璃外，还可用作隔火墙、隔音板。另有一种玻璃在-200 ℃～＋700 ℃的温度范围内，性能不发生明显变化，特别适宜于制作各种高温观察窗。玻璃还实现了室内装饰师梦寐以求的愿望：用玻璃丝编织的窗帘不但华丽，而且燃着物落到这种窗帘上也不会起火。

普通玻璃强度差，制成钢化玻璃后，强度提高 4～6 倍，光致变色玻璃可以随阳光的强弱而改变透光能力，犹如自动"窗帘"，其颜色通常有茶色、蓝灰等色。这种玻璃是在玻璃中加入少量卤化物而制得，能滤去某些色谱而吸热，又能防眩和控制紫外线的辐射。

目前国外建筑玻璃发展迅速，热线反射玻璃已普遍采用，这种玻璃的镜面状涂层能反射一部分太阳光线和热能。人们只能从暗处向亮处看才能看清楚。一般热线反射玻璃的传热系数为普通玻璃的 0.8，并有良好的遮阴效果。这种玻璃在夏季甚至能阻挡 86% 的太阳热能，而透入室内的可见光仅 17%。

上述几种玻璃可按不同厚度单独使用，也可将不同类型的玻璃相互组合，例如，可以组成三层玻璃片夹两层空气层。国外已制成在这两层空气层中，分别充入不同量的气体，制成高效隔声玻璃，这对建筑声学中特别难以控制的最低频声音特别有效。

悬挂在窗外的玻璃纤维窗帘，能在阳光到达玻璃窗前快速吸热和散热，阻挡 75% 的太阳热量，而又不影响视野。经测定，与不悬挂这种窗帘的房间相比，夏季能降低室温 9 ℃～12 ℃，冬季能提高室温 2 ℃～5 ℃。除光致变色玻璃外，日本制成了电致变色玻璃，即通过电流大小来调节建筑物和火车上窗玻璃的透光度。该玻璃由两块透明导电玻璃组成，两层玻璃之间有氧化钨薄膜和一个专门的薄膜电解质。当电流通过时，电介质内流过离子，玻璃的颜色变为蓝色，它可在 10%～85% 的范围内调节玻璃的透光度。

俄罗斯研制成一种有效的装饰新材料，叫玻璃开拉米，在装饰性能方面与微晶玻璃相似，还能广泛利用各种玻璃废料来生产。该材质表面非常光滑，为了点缀它，使利用各种颜色的玻璃颗粒。在热加工前，将这些颗粒堆在新铸成的底层上，成品很像大理石、花岗岩等天然材料。其底面可用砂浆与钢筋混凝土构件牢固结合。人们可用它做住房、建筑物的墙裙装饰来保护复面，亦可用作地板覆盖层。

未来的民用住宅中，客厅里的照明设施和其他房间一样，可采用场致发光的玻璃墙面。为了控制室温和室内采光，窗子也可采用导电玻璃膜，并大量采用光致和电致变色玻璃，原来形形色色的窗帘都将"退役"。

从现实出发，科学地提出美好的设想绝非虚无缥缈。不信请看：玻璃可用来建造玻璃桥墩。在保加利亚的克热日市，已建造了世界上第一座完全用玻璃增强塑料制成的桥梁。桥的规模很大：长 12.5 米、宽 8 米，它比同样规模的用钢筋混凝土制造的桥梁轻 10 倍，一辆普通的牵引车就能运送整座桥梁。

（马英仁）

中国古陶瓷

中国是世界上最早使用陶器的文明古国之一，也是发明瓷器的国家。中国陶瓷具有连续不断的、长达万年的工艺发展史，在全世界独一无二。陶瓷的发展蕴藏着十分丰富的科学技术内涵，基本上可以用五个里程碑和三个技术突破来总结。

第一个里程碑——新石器时代早期陶器的出现。

根据目前的考古资料，经过科学发掘的至少有江西万年仙人洞和广西桂林甑皮岩两个新石器时代遗址，都出现了距今万年左右的陶器。它们共同的特点都是粗砂陶，质地粗糙疏松，出土时都碎成不大的碎片，只有个别能复原成整体器具。它们的烧成温度也就是在 700 ℃左右，所用原料都是就地取材，器型也比较简单。但毕竟在一万年前，我们的祖先就有了陶器。

第二个里程碑——夏代印纹硬陶和商、周时期原始瓷的烧制成功。

一般认为印纹硬陶始见于约 4 000 多年前的夏代，原始瓷始见于 3 000 多年前的商代。它们的出现为以后青釉瓷的发明打下了良好的基础。它们与陶器最大的不同是在它们的化学组成中含有较低的 Fe_2O_3。印纹硬陶最高烧成温度已可达 1 200 ℃，原始瓷的最高烧成温度已达 1 280 ℃。原始瓷内外表面都施有一层厚薄不匀的玻璃釉，其颜色从青中带灰或带黄到褐色。一般胎、釉结合不好，易剥落。釉中 CaO 含量较高，称之为钙釉。它是我国独创的一种高温釉，也是世界上最早的高温釉。

第三个里程碑——汉晋时期南方青釉瓷的诞生。

东汉（公元 25～220 年）晚期，浙江越窑青釉瓷的烧制成功标志着中国陶瓷工艺发展中的一个飞跃。从此世界上有了瓷器，作为一种材料，其影响更为深远。

瓷与陶的差别在于瓷的外观坚实致密，一般为白色或略带灰色，断面有玻璃态光泽，薄层微透光。在性能上具有较高的强度，气孔率和吸水率都非常小。在显微结构上则含有较多的玻璃相和一定量的莫来石晶体，残留石英细小圆钝。这些外观、性能和显微结构共同形成了瓷的特征。此即明代科学家宋应星在其所著的《天工开物》中说的"陶成雅器有素肌玉骨之象焉"。

青釉瓷在我国南方的烧制成功，首先应归功于南方盛产的瓷石。由于当时只用瓷石作为制胎原料，因而就形成了我国南方早期的石英、云母系高硅低铝质瓷的特色。其次应归功于南方长期烧制印纹硬陶和原始瓷的成熟工艺。

第四个里程碑——隋唐时期北方白釉瓷的突破。

隋唐时期（公元589～907年）北方白釉瓷的突破，是我国北方盛产的优质原料与长期积累的成熟的制瓷技术相结合的必然结果。它的出现是我国制瓷工艺的又一个飞跃，使我国成为世界上最早拥有白釉瓷的国家。

以邢、巩、定窑白釉瓷为代表的技术成就可归纳为以下两个方面：

新原料的使用和胎釉配方的改进。邢、巩、定窑白釉瓷的胎中都使用了含高岭石较多的二次沉积黏土或高岭土，因而使得它们胎中 Al_2O_3 含量可高达30%以上。我们已在瓷胎中观察到高岭石残骸的存在。同时，在胎中还使用了长石，因而胎中 K_2O 的含量可以高达5%以上。根据它们化学组成中 SiO_2 的含量以及胎的显微结构中 α-石英的含量，可以认为我国隋唐时期即出现了近代高岭石—石英—长石质瓷，这是我国南方从未见过的。即使到了宋末元初景德镇白釉瓷胎中使用了高岭土，也只是高岭—石英—云母质瓷。这两种瓷分别是中国南北方两大白釉瓷系统的代表。另外值得一提的是，在个别隋代白瓷釉的组成中，K_2O 的含量大大超过 CaO 的含量，从而形成一种碱钙釉，这也是我国南方早期青釉瓷所未有过的，到了明代永乐年间的景德镇白釉瓷才出现的碱钙釉。

烧成温度的提高和装烧工艺的改进。唐代邢、巩、定窑白釉瓷的烧成温度都已达到 1 300 ℃，有的甚至高达 1 380 ℃。烧成温度的提高必然与炉窑的改进相联系。隋唐时期白釉瓷烧制所使用的窑炉都是半倒焰的馒头窑。它们主要采用大燃烧室、小窑室和双烟囱，以便增加抽力而提高温度。与此同时，邢窑白釉瓷的烧制已使用了匣钵，从明火支烧到匣钵装烧是提高瓷器质量的一个突破。

第五个里程碑——宋代到清代颜色釉瓷、彩绘瓷和雕塑陶瓷的辉煌成就。

自东汉晚期始，浙江就一直烧制透明和单色的青釉瓷。到了宋代，北方的汝窑青釉瓷和南方官窑与龙泉窑所烧制的黑胎青釉瓷都是一种呈乳浊状的分相析晶釉瓷。它们都是以釉中析出钙长石微晶和晶间的分相来增强这种瓷釉的玉质感。与此同时，福建建阳烧制的黑釉瓷也是一种分相析晶釉瓷。这些分相和析晶会在釉面上形成兔毫、油滴等各种色调的纹样以显示其艺术效果。从透明釉发展到呈乳浊状和呈现各种纹样的分相析晶釉，是我国陶瓷在科学、工艺和艺术上的一次飞跃。

我国发明的瓷釉就是以铁的氧化物作为着色剂而烧制出各种色调的青釉瓷和黑釉瓷。到了隋唐时代，长沙窑和邛崃窑烧制出多种釉上彩以及许多地方的唐三彩。到了宋代，在河南禹县钧窑又出现了以铜及其氧化物着色的窑变釉和红釉。到了元代以后的景德镇，更是将多种元素引入到釉中，烧制出多种颜色的釉瓷和釉下彩瓷（青花瓷和釉里红瓷），这是我国制瓷历史中在科学、工艺和艺术上的又一次飞跃。

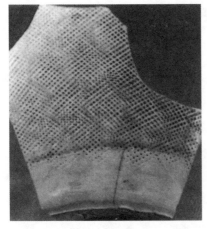

▲ 浙江上虞小仙坛东汉晚期青釉印纹罍瓷片（根据这一瓷片所得的科学数据把中国发明瓷器的时间定在东汉晚期）

▲ 甘露元年（公元 265 年）铭越窑青釉瓷熊灯

　　到了明代景德镇，又出现了釉上彩绘，相继出现了斗彩、五彩、粉彩和珐琅彩等。其中如明代成化斗彩，清代康熙五彩和雍正的粉彩都是盛极一时、流传后世的精品。这是制瓷历史中在科学、工艺和艺术上的再一次飞跃。

　　上述的五个里程碑，清楚地表现了我国陶瓷工艺的发展过程和取得的突出成就。它们之所以能取得一步又一步的新发展，都是因为制瓷技术在以下方面不断取得的重大技术突破：①原料的选择和精制；②炉窑的改进和烧成温度的提高；③釉的形成和发展。可以预见，我国的陶瓷工业如能与现代科学技术相结合并充分发扬自己的优秀传统，那么，它必将有一个灿烂辉煌的未来。

（李家治）

古陶瓷的科技鉴定

~~~~~~

　　中国发明了瓷器，也是世界上最早制造陶器的国家之一。我国古代有许多名窑，而且都以自己的特色产品著称于世。中国古陶瓷器种类繁多，风格各异，不仅在造型、色泽和装饰等方面工艺精湛，还结合了绘画、书法、雕刻和雕塑等多种艺术形式，因此具有极高的审美品位和美学价值。而这些艺术在陶瓷上的实现，又无不伴随着制造原料的选取处理、成型工艺和烧制技术的不断提高。所以说，古陶瓷器体现了丰富的科学技术和文化艺术内涵。这些都赋予其极高的收藏价值。为此，国内外的收藏家和著名博物馆从来都将中国古陶瓷列为重要的收藏对象。

　　随着经济的发展和生活水平不断提高，爱好和收藏中国古陶瓷等艺术品的人数不断增加。与此同时，古陶瓷器的作伪活动也逐渐猖獗起来，古玩市场到处可见大量仿制名瓷的赝品。有的人在仿制过程中也借助高科技手段，使一些赝品达到几乎乱真的程度，甚至出现了"假作真时真亦假"的局面。因此就产生了对古陶瓷真伪鉴定的迫切需要。

传统的古陶瓷鉴定方法主要是利用古陶瓷文化艺术方面的信息。考古工作者根据他们多年积累的经验，通过眼观、手摸、耳听等感官手段，从陶瓷器的器型、纹饰、胎釉外观、重量、款式以及通过查阅古代文献资料了解文化历史背景等方面来进行判断。但是，随着仿制手段越来越高超，考古工作者对文物进行鉴定的难度也不断增大。面对某件器具，考古专家们也往往见仁见智，难以判断真伪而形成众说纷纭的局面。

但"魔高一尺，道高一丈"，于是人们把目光转向了运用科技手段进行鉴定上来。近几十年来，国内外不少机构的实验室相继利用高新技术手段开展对古陶瓷的科学技术研究，在积累了大量经验的基础上，又开展了对古陶瓷的断代（烧制年代）、断源（确定烧造窑口）和辨伪的探索性研究。

▲ 景德镇窑青花缠枝牡丹纹瓶（公元1271～1368年）

想判断一件古陶瓷器皿是什么时候烧制的，可以利用一种叫"热释光"的技术来确定它的烧制年代。其原理就是土壤里的矿石如石英，一直在吸收着来自它们附近的一些放射性元素以及宇宙射线的辐射能量，而且吸收的能量值与时间的长短是成正比的，也就是说，这些矿石所吸收的辐射总能量与它们单位时间内吸收的辐射量有着稳定的比例关系。矿石在与土壤一起被烧制成陶瓷后，由于经过了高温加热，它们所吸收的辐射能量会完全释放出来，就像计时器被归零一样，然后又重新开始吸收能量。这样，如果我们想知道这个陶片或瓷片是什么时候烧制的，就可以从它上面取一部分下来，也对它进行高温加热，使它内部吸收的辐射能量以光能的形式释放出来。我们通过测量这些光能的强度来确定辐射总能量，将总能量除以矿石每年所吸收的辐射能（也可以通过测量得到），就能得出这块陶片从烧制到现在所经过的时间的长短了。这一过程可以用下面的公式来说明：

$$\frac{\text{陶瓷中矿物所吸收的辐射总能量}}{\text{陶瓷中矿物每年吸收的辐射能量}} = \text{陶瓷自烧制至今的年份}$$

　　用热释光技术进行年代测定是目前唯一能够对古陶瓷器提供绝对断代鉴定的科学方法。但是要从古陶瓷上取一小部分下来，属于有损测试，对于很多宝贵的完整文物来说就显得太可惜了，而且这种方法无法确定古陶瓷是在什么地方、使用什么原料以及采用什么方法烧制的。那么怎样才能确定古陶瓷的产地和原料呢？这要从它的化学组成着手。陶瓷是由天然黏土或矿物原料按不同配方配制，经加工成型、上釉装饰及煅烧而得。它们的化学组成取决于所采用的天然原料及配方，不同时代、不同地区所生产的古陶瓷由于所用原料和配方的不同，它们的胎和釉的化学组成也会有各自的特征。针对某一时代、某一地区的瓷器，我们可以收集大量经考古专家确认的这一类瓷器的标本，分析它们的化学组成，用一定的数据处理方法对分析出来的结果进行统计分析，从而得出这类瓷器的化学组成的特征规律。同样，其他时代、其他地区的陶瓷也可按照这样的方法进行分析。以后碰到未知时代、未知产地的古陶瓷标本，就可以把它的化学组成与我们总结出来的规律相比较，看与哪一类的古陶瓷相符合，以判断它是什么时候、在什么地方生产的。这就是我们所说的科学断源断代。这种方法经过实践检验证明是比较准确可靠的。再综合使用其他各种科学仪器的分析方法所检测到的样品的显微结构、物理性能以及烧制工艺等方面的信息，就更能提高结论的准确性。

测试古陶瓷化学组成的方法有很多种，分有损和无损两大类。从保护我们珍贵的历史文物的角度出发，当然应该大力发展无损测试方法了。其中，以能量色散X射线荧光能谱分析方法最具代表性。这种方法是通过发射一束电子束到样品表面，激发出各种

▼ 能量色散 X 荧光仪
（EAGLE Ⅲ 型，美国
EDAX 公司）

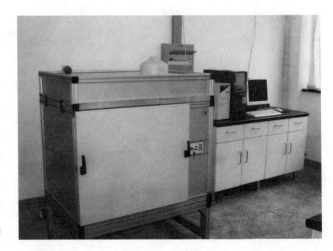

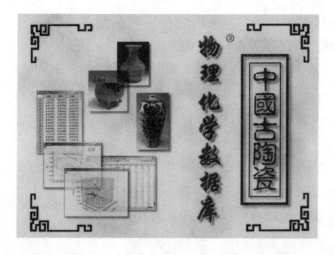

▲ 中国古陶瓷物理化学数据库——软件启动画面

元素的特征荧光，根据这些特征荧光的强度来测定各种元素的化学组成。由于照射到样品表面的电子束能量并不高，因此并不会对样品表面产生明显的破坏，所以能在不破坏古陶瓷样品的前提下对其化学组成进行准确的测量。中国科学院上海硅酸盐研究所古陶瓷实验室目前就拥有一台美国 EDAX 公司生产的能量色散 X 射线荧光能谱分析仪，它可以无损测试很大尺寸的完整陶瓷器皿的化学组成。先进的仪器再加上多年研究所积累下来的科学数据和经验，就能够比较满意地达到古陶瓷科学技术鉴定的需要了。

（吴 瑞 邓泽群）

陶器

~~~~~~

　　中国社会到距今 3 100 多年前的商代才开始有文字
记载。那么，对没有文字记载的史前社会该怎样进行研
究呢？一般情况下，人们就只能靠历史遗物来进行研究。
除了石器、骨器外，更具研究价值的历史遗物就是陶器。
陶器是当时人们生活的必需品，较易破碎，因此随地丢
弃。久而久之，就在地下世世代代按时代先后层层叠压。
考古学家根据文物出土地层的不同，以及材质和外貌的
不同来判定陶器制造的年代，而科学家则用仪器测定其
碳十四同位素或热释光的强度变化来确定其制作年代，
同时还分析出它的成分、显微结构和物理性能等数据，
从而得出当时制陶所用原料和工艺等结论。历史学家常
以各种不同种类陶器的出现地命名作为划分人类史前社
会发展阶段的重要标志之一，例如仰韶文化是因 1921 年

首次在河南渑池县仰韶村遗址发现而得名。古陶器还可成为研究人类早期社会的有力物证。

虽然稻谷物证不可能保存几千年，可是，科学家从古陶片研究中找到了证据。对距今 6 960～6 730 年的浙江河姆渡遗址出土的不少夹碳陶进行分析，发现有形状像稻谷外壳的碳化物，其主要成分是碳和硅，这与稻谷外壳碳化物的化学组成和显微结构也相同。这有力地证明了当时先民在陶泥中加入过谷壳。众所周知，普通黏土制坯，因干燥不当，表面失水太快，收缩较大，而坯体内水分渗出速度慢，收缩小，由此而产生的应力大于泥坯的强度，就会使泥坯开裂。为此陶坯须慢慢干燥。为缩短干燥时间，先民就在泥土中加入了适量谷壳，使矛盾迎刃而解。用谷壳混合泥制器，在氧化气氛不充分的火焰中烧制时，谷壳就会碳化并残留在陶胎中。这为回答稻谷开始种植年代的难题提供了有力证据，说明早在 6 000～7 000 年前，我国浙江地区已开始种植稻谷。

最近的研究还表明江西万年仙人洞，水稻的种植的年代比河姆渡地区的还要早。

我国现存最古老可识的文字是 3 000 多年前殷商时代的甲骨文。可是根据考古发掘发现，早在大汶口文化时期就有刻在陶器上的文字，称之为陶文。例如莒县陵阳河出土的形似头盔的陶尊，上面的文字清

▼ 仰韶时期彩陶

▲ 仰韶文化彩陶

▲ 仰韶文化鱼纹彩陶盆　　　　　▲ 仰韶文化彩陶罐

楚可辨，刻文中有斧、锄的象形字。考古学家认为这些陶尊是 3 500 年前的器物，因而这些文字要比甲骨文早 1 000 多年。因此，陶文对研究我国文字发展史具有重要意义。

早在 5 000~6 000 年前的仰韶文化时期，先民已经发明用天然无机颜料在陶器上绘画，经高温烧成颜色，创造了彩陶。当时陶上彩绘有 3 种颜色，一种是赭红色，着色剂是氧化铁；第二种是黑色，着色剂除氧化铁外，还有一定量的氧化锰；第三种是白色，主要是含铁量很低的白色易熔黏土。由于彩料磨得非常细腻，陶器烧成后，彩料会牢固地黏附在器物表面，并保留至今。这项发明使我们在今天还能有幸欣赏到史前社会那些富有生活气息的生动画面。例如仰韶文化时期，在陶盆里画了两条游鱼和两张展开的渔网，生动而富于变化的鱼纹，就是反映那时人们从事捕鱼劳动的艺术结晶。有些陶器上还画着小鹿、衔鱼的水鸟、大龟和丰富多彩的植物图案，反映了先民们的渔猎、种植和采集等生活内容。青海大通县孙家寨出土的距今 5 000 年的舞蹈纹彩盆，纹饰为 5 人一组手拉手，面向一致，头侧各有一条斜线，似为发辫，摆向划一，神态逼真，充分表现当时先民生活中的欢乐情景。这为后人研究人类社会的早期生活和生产活动提供了宝贵的资料。

在距今 6 000~7 000 年的河姆渡遗址出土了一只小陶猪，它腹部明显下垂，与家猪的体形十分相似。在上海青浦区距今 5 800~4 900 年的崧泽文化遗址也发现了小陶猪，圆咕隆咚，是典型的家猪造型。在距今 5 000 年左右的浙江邱城遗址也发现过两只小陶猪，四肢短小，前躯小，后躯大，体形呈椭圆，比以前的陶猪在体态上更接近现代家猪。因此，陶猪成了人类最早人工养猪的见证。

　　在原始社会，音乐舞蹈是当时人们精神生活的重要组成部分。那么，人类最早使用的乐器是怎样的呢？除了石哨和骨笛等外，就是陶哨了。6 700 年前的西安半坡遗址出土了两个陶制的口哨（或称陶埙），都用细泥制成，表面光滑，形如橄榄，两端尖而长，上下贯穿一孔，吹起来吱吱有声，它的出现引起音学史专家的极大兴趣，因为这是迄今为止我国出土的最早的乐器之一。以后又出土了二音孔、三音孔陶哨，到了奴隶社会的殷代，出现了五音孔陶哨，已能吹出 7 个音阶。到汉代，出现了六音孔陶哨。可见在古代，陶哨与音乐曾结成难分的"姻缘"。

（陈尧成）

兵马俑群和唐三彩

世界著名的秦代兵马俑群集艺术和制陶工艺之大成，不愧为古代艺术珍宝。俑是中国雕塑艺术的一个门类。我国古代陶俑都是从古墓中发掘出来的，秦俑也是公元前210年的秦始皇陵遗物。在秦始皇陵出土的陶俑共有8 000多件，其中有陶车士、陶马、手牵战马的骑兵、双手握弓的蹲跪步兵和双手拄剑的将军俑等，最高的将军俑身高达1.96米。它们以实战的军阵布置，战车、步兵和骑兵各兵种联合编组成大型混合军队，显示了秦始皇统率"奋击百万"、"战军千乘"的秦军战胜六国，统一全国的宏伟气势。这在世界上是一个奇迹。你可知道此奇迹是怎么创造的吗？这要从陶俑的制作工艺说起。在公元前221～前210年的秦始皇时期，要烧制出数量这么多、体形这么大的陶人、陶马，在工艺上是很困难的。

可是秦代工匠充分发挥了他们的聪明才智，在制陶工艺上获得多项突破：①分段模制成型。如采用湿泥一次成型，会使泥塑承受不了自重而变形，甚至坍掉。为此，当时工匠采用分段制作法。同时为了提高

▲ 唐三彩牵马俑

成型速度，还采用模制成型技术，从面容不一的武士俑和神采各异的骏马来看，模具可分为合模和单模。陶俑模制分段部位是人俑头、躯干、手臂、脚、腿、手，和马俑头、躯干、颈、耳、腿、尾、飞鬃等。②严格控制干燥条件。这对大型厚壁泥坯来说很重要，因此必须避开过热和过冷的季节，并施加遮盖物，慢慢干燥，才能保证陶坯在干燥过程中不开裂。③在泥坯湿度控制适当时进行黏结，在黏结过程中必须是先下后上，连成整体后，再雕塑修正。④合理整体设计。为确保俑体能站稳，并在制作和烧成过程中不变形，工匠们给陶俑设计了足踏板。它连接实心的足和腿，而上身的躯体、手臂和头也是空心的，这样就确保整体重心向下，故能站得稳固。⑤严格控制烧成条件。为了避免或减少搬运，很可能采用原地制整坯、原地建简易窑烧制的方法。在烧制过程中，要控制升降温的速度和窑内温度的均匀。经科学测试，秦俑的烧成温度在 900 ℃左右，这样才能确保陶俑

▲ 唐三彩马俑

不变形，不开裂，并能使俑体各部位烧成质量基本一致。俑体的空心部位设计有孔径7~11厘米的圆孔，以便烧制过程中出气，从而防止炸裂。陶俑烧成后，根据当时将士穿着，再用天然色料绘上各种颜色。上彩后极像真人真马，更增添了整个军阵的威武气势。这批大型兵马俑群凝结着秦代千百名艺术工匠的智慧和科技创造力，成为非常珍贵的世界历史文化遗产。

瑰丽的唐三彩是考古专家在一座距今1 200多年前的唐永泰公主墓中发现的。在一大堆陶制冥器（陪葬器物）中，光彩夺目的釉色和栩栩如生的造型，使唐三彩显得鹤立鸡群，格外醒目。因此，唐三彩在我国制陶史上曾风靡一时，是负有盛名的陶制艺术珍品，也是迄今为止年代较早的多种彩色釉陶器。以后，唐三彩在长安和洛阳地区绝大多数皇室及官僚墓中都有大量的发现。唐三彩的釉色有黄、绿、褐、蓝、黑和

▼ 唐三彩器皿

白等，由于当时彩色釉陶大多以黄、绿、白三种颜色釉为主，所以人们习惯称之为三彩。

唐三彩是怎样制作的？经对出土陶片的研究发现，唐三彩陶器采用二次烧成。第一次素烧陶坯，由于制坯原料是用含氧化铝量高，而含氧化铁和助熔矿物成分低的当地白色黏土，因此其烧成温度必须在1 050～1 100 ℃。成型方法有手制、轮制、模制、雕塑及黏结等。素烧陶坯制成后，表面施加釉料，釉料的主要化学组成是氧化铅、氧化硅和氧化铝，由于釉料中氧化铅是较强的助熔剂，而且含量高达50%左右，因此第二次烧釉的温度约为900～950 ℃。烧成后在陶坯表面形成一层光亮的玻璃态釉，釉的颜色是因为在釉料中加入了着色剂：铜着绿色、铁着黄色和褐色，钴着蓝色，黑色釉中铁含量较高，而白色釉则是配入适量含低铁的黏土。由于彩色铅釉对光线的折射率较高，因此新烧的铅釉显得色彩瑰丽、光彩夺目。

唐三彩还具有形神兼备、刻画生动的艺术造型。三彩俑分为人物俑和动物俑两大类，另有两者兼备的骑俑，还有人面兽身或兽面兽身的怪物俑，也叫镇墓兽，意在镇恶辟邪，这些都是唐三彩的代表作品。唐三彩不仅在制陶工艺和雕塑艺术上取得了如此重大的成就，也是我国少数民族同汉族之间文化交流和中外文化交流的历史见证。例如"胡俑"中所塑造的人物有一部分是我国西北地区的少数民族，也有中亚、西亚地区的外国人，还有满头卷发的"昆仑奴"俑像，这是我国较早的非洲人

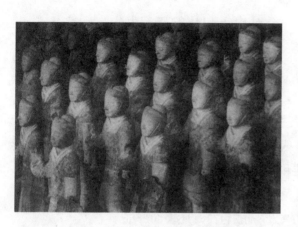

▲ 秦始皇兵马俑彩绘陶

▲ 唐代三彩釉凤首壶

塑像。

　　秦代大型兵马俑群、唐三彩陶俑和以后制作的大量陶制艺术品反映了当时的艺术、科学技术和生产水平，是古代工匠杰出的创造力和科技与艺术相结合的珍品，会永远受到人们的爱护和珍视。

（陈尧成）

形状记忆合金——"永不忘本"的功能材料

~~~~~~~~~~~~~~~~~~~~~~~~~~~~~~~~~~~~~~

　　您听说过有"记忆"本领的金属材料——形状记忆合金吗？传统观念认为，只有人和某些动物才有"记忆"的能力，非生物是不可能有这种能力的。难道合金也会和人一样具有记忆能力吗？答案是肯定的，形状记忆合金就是这样一类具有神奇"记忆"本领的新型功能材料。

　　1963 年，美国海军军械研究室在一项试验中需要一些镍钛合金丝，他们领回来的合金丝都是弯弯曲曲的。为了使用方便，他们就将这些弯弯曲曲的细丝一根根地拉直后使用。在后续试验中，一种奇怪的现象出现了：当温度升到一定值的时候，这些已经被拉得笔直的合金丝，突然又魔术般地迅速恢复到原来的弯弯曲曲的形状，而且和原来的形状丝毫不差。经过反复多次试验，每次结果都完全一致，被拉直的合金丝只要达到一定温度，

（a）原始形状　　　　　　　（b）拉　直　　　　　　　（c）加热后恢复

▲ 图1　形状记忆效
应简易演示实验

便立即恢复到原来那种弯弯曲曲的模样。就好像在从前
被"冻"得失去知觉时被人们改变了形状，而当温度升
高到一定值的时候，它们突然"苏醒"过来了，又"记
忆"起了自己原来的模样，于是便不顾一切地恢复了自
己的"本来面目"。形状记忆效应可用图1所示的简单实
验演示，原本弯弯曲曲的形状记忆合金丝（a）经拉直后
（b），只要放入盛有热水的烧杯中，合金丝就会迅速恢复
到和原来一模一样的弯弯曲曲的形状（c）。

　　形状记忆合金不仅单次"记忆"能力几乎可达百分
之百，即恢复到和原来一模一样的形状，更可贵之处
在于这种"记忆"本领即使重复500万次以上也不会产
生丝毫疲劳并断裂。因此，形状记忆合金享有"永不忘
本""百折不挠"等美誉，被比作一个人应具有的永不变
节、坚贞不屈的精神和气节。

　　人们常说蚂蚁有本事，是因为即使是当今奥运会举
重冠军也不过仅能举起自身重量的2倍左右，而蚂蚁却

能举起自重的 20 倍。但是若与形状记忆合金相比，蚂蚁就只能甘拜下风，自愧弗如了，因为形状记忆合金（以镍钛为例）的出力本领可达自重的 100 倍以上。如图 2 所示，形状记忆合金（a）能撑起自重 100 倍以上的重量。马达（b）的驱动力可达自重的 50 倍，而蚂蚁（c）和人（d）则分别是 20 倍和 2 倍。可见，形状记忆合金才是名副其实的大力士。

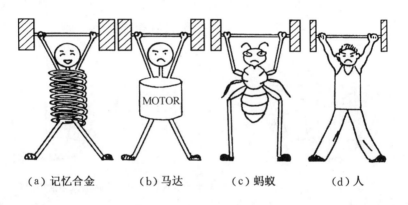

（a）记忆合金　　（b）马达　　　（c）蚂蚁　　　（d）人

20 世纪中叶，美国和苏联在空间领域展开激烈竞争。继 1961 年 4 月 12 日前苏联将首位宇航员尤里·加加林送入太空轨道后不久，美国就制定了雄心勃勃的"阿波罗"登月计划。人类踏上月球，就必须要将月球上的信息传输回地球，再将地球上科学家的指令发到月球，即实现月、地之间的信息沟通。要发送和接收信息，就必须在月球表面安放一个庞大的抛物线形天线。可是，在小小的登月舱内，无论如何也放不下这个庞然大物。当时，这一度成为登月工程中的关键性技术难题之一。

▲ 图 2　形状记忆合金是名副其实的大力士

形状记忆合金的发现给这个难题的解决带来了契机，也为这个金属材料领域内的"晚辈"提供了一次施展才华的绝好机会。科学家用当时刚刚发现不久的形状记忆合金丝制成了如图3（a）所示的抛物线形天线。在宇宙飞船发射之前，首先将抛物面天线折叠成一个小球，如图3（b）所示，这样就很容易被装进了宇宙飞船的登月舱。当登月舱在月球上成功着陆后，只需利用太阳的辐射能对小球加温，折叠成球形的天线因具有形状"记忆"功能，便会自然展开，恢复到原始的抛物面形状，如图3（c）所示。

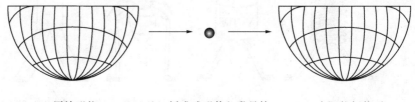

（a）原始形状　　　　（b）折成球形装入登月舱　　　（c）太阳能加热后

▲ 图3　月球上使用的形状记忆合金天线示意图

　　1969 年 7 月 20 日，乘坐"阿波罗 11 号"登月舱的美国宇航员阿姆斯特朗在月球上踏出第一个人类的脚印，这位勇士从月宫里传回富于哲理的声音："对我个人来说，这只是迈出的一小步；但对全人类来说，这是跨了一大步。"阿姆斯特朗当时的图像和声音就是通过形状记忆合金制成的天线从月球传输回地面的。

　　形状记忆合金在现代临床医疗领域内已有广泛的应用，正扮演着不可替代的重要角色。例如各类腔内支架、心脏修补器、血栓过滤器、口腔正畸器、人造骨骼、伤骨固定加压器、脊柱矫形棒、栓塞器、节育环、医用介入导丝和手术缝合线等等，都可以用形状记忆合金制成。医用腔内支架的应用原理如图4所示。记忆合金支架经过预压缩变形后（a），能够经很小的腔隙安放到人体血管、消化道、呼吸道、胆道、前列腺腔道以及尿道等各种狭窄部位。支架扩展后形成如图（b）所示的记忆合金骨架，在人体腔内支撑起狭小的腔道，如图4（c）所示，这样就能起到很好的治疗效果。

（a）预压缩 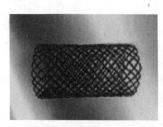（b）受热扩张后 （c）植入腔道内效果

▲ 图4 医用腔内支架的应用原理示意图

与传统的治疗方法相比，这种记忆合金支架具有疗效可靠、使用方便、可大大缩短治疗时间和减少费用等优点，为外伤、肿瘤以及其他疾病所致的血管、喉、气管、食道、胆道、前列腺腔道狭窄治疗开辟了新天地。

除了腔内支架方面的应用以外，在骨外科治疗领域，形状记忆合金同样有不俗的表现。众所周知，传统的骨伤手术器械包括接骨钢板、螺钉、螺母、钢丝等，手术时医生要进行钻孔、楔入、捆扎等复杂操作，对患者的机体不可避免地造成人为损伤。这种手术有时要进行四五个小时，病人的长时间麻醉对手术伤口的愈合也十

分不利。这种手术的效果也不理想，用机械、刚性办法固定的器械在人体内容易发生弯曲、断裂、松动和腐蚀，有些患者要接受两次甚至多次手术。

与传统的不锈钢器械相比，应用形状记忆合金制成的记忆合金骨科内固定器械，可以使骨科手术开始告别钻孔、楔入、捆扎等复杂工序。手术时，医生先用低温（0～5℃）消毒盐水冷却记忆合金器械，然后根据需要改变其抱合部位的形状，安装于患者骨伤部位。待患者体温将其"加热"到设定的温度时，器械的变形部分便恢复到原来设计的形状，从而将伤骨紧紧抱合，起到固定与支撑的作用。这种新技术与传统的骨伤内固定术相比，大大降低了手术的难度，并可使手术时间缩短三分之二。由于材料自身的记忆功能十分稳定，良好的"抱合力"使患者手术的愈合期也大大缩短。

记忆合金同我们的日常生活已然休戚相关。仅以记忆合金制成的弹簧为例，把这种弹簧放在热水中，弹簧

▼ 图 5　腔内支架临床应用实例

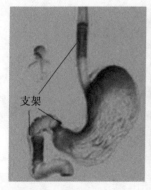

（a）消化道内支架　　　　　（b）血管内支架　　　　　（c）胆道内支架

的长度立即伸长，再放到冷水中，它会立即恢复原状。利用形状记忆合金弹簧可以控制浴室水管的水温，在热水温度过高时通过"记忆"功能，调节或关闭供水管道，避免烫伤。图 6（a）是日本 TOTO 公司生产的智能水温调节器。

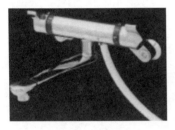

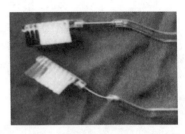

（a）智能水温调节器　　　（b）移动电话天线　　　　（c）牙刷

▲ 图 6　形状记忆合金的应用实例

　　形状记忆合金还可以用作消防报警装置及电器设备的保安装置。当发生火灾时，记忆合金制成的弹簧发生形变，启动消防报警装置，达到报警的目的。还可以把用记忆合金制成的弹簧放在暖气的阀门内，用以保持暖房的温度，当温度过低或过高时，自动开启或关闭暖气的阀门。

　　作为一类新兴的功能材料，形状记忆合金的很多新

▼ 图 7　形状记忆合金眼镜架

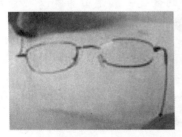

用途正不断被开发，例如用形状记忆合金制作如图 6（b）所示的移动电话天线以及如图 6（c）所示的牙刷等。记忆合金还可以制成任意变形的眼镜架（图 7），如果不小心被碰弯曲了，只要将其放在热水中加热，就可以恢复原状。不久的将来，汽车的外壳也可以用记忆合金制作。如果不小心碰瘪了，只要用电吹风加加温就可恢复原状，既省钱又省力，实在方便。

（刘 岩）

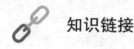 知识链接

记忆合金

一般金属材料受到外力作用后，首先发生弹性变形，达到屈服点，就产生塑性变形，压力消除后留下永久变形。但有些材料，在发生了塑性变形后，经过合适的热过程，能够回复到变形前的形状，这种现象叫做形状记忆效应。具有形状记忆效应的金属一般是由两种以上金属元素组成的合金，称为形状记忆合金。

形状记忆合金可以分为三种：

（1）单程记忆效应：形状记忆合金在较低的温度下变形，加热后可恢复变形前的形状，这种只在加热过程中存在的形状记忆现象称为单程记忆效应。

（2）双程记忆效应：某些合金加热时恢复高温相形状，冷却时又能恢复低温相形状，称为双程记忆效应。

（3）全程记忆效应：加热时恢复高温相形状，冷却时变为形状相同而取向相反的低温相形状，称为全程记忆效应。

近年来，在理论研究不断深入的同时，形状记忆合金的应用研究也取得了长足进步，其应用范围涉及机械、电子、化工、宇航、能源和医疗等许多领域。

铠甲和防弹衣

～～～～～～～～～～～～～～～～～～～～～～～～

　　数千年来，在战争舞台上，兵器和铠甲、防弹衣这一对"矛"和"盾"演绎了无数正义和邪恶、悲壮和血腥的史剧。在斗争中，"矛"和"盾"又通常以矛——兵器为主要方面，引领着铠甲及防弹衣的不断更新和发展。纵观从铠甲到防弹衣的发展历程，它和人类使用材料的历史同步，大体上经历了天然高分子材料（植物纤维和兽皮等）、青铜、铁与钢、人工高分子合成材料及各种复合材料的发展过程。

　　石器时代的武器是石块、木棒、石矛、骨矛等，护身用树藤编成的藤甲或兽皮。弓箭和弩的发明，对护甲提出了严重的挑战，它不但可远距离杀伤对方，而且穿透力极强。

　　青铜时代，青铜兵器促使铜铠甲应运而生。最初用整块铜板护胸，后来将钻孔的小铜片用牛筋或麻绳编缀起来做成鱼鳞铠甲，它比较贴身，且防护面积大。皮甲取材、制作方便，穿戴轻便舒适，特别是犀牛皮厚而坚韧，所以皮甲在后来相当长的时间内一直使用着。

▲ 秦兵铠甲

我国进入铁器时代稍晚，但却后来居上。春秋后期除掌握块炼铁方法外，还发明了生产效率高的生铁冶铸技术。东汉三国时期，百炼钢刀剑已誉冠全球。钢兵器的犀利，使铜甲、皮甲被铁甲取代。晋代一些少数民族统治者与汉人争地夺权，竟用百炼钢制作铠甲。十六国夏王匈奴人赫连勃勃曾下达野蛮军令："射甲不入，即斩弓人，如其入也，便斩铠匠。"暴君即使能逼出一两件坚甲利器，但其统治不会因此而长久，仅二十多年，夏国即遭灭亡。

宋代战争已使用火药。金史记载，有一种叫震天雷的铁火炮即地雷或炸弹，"火药发作，声如雷震，热力达半亩之上，人与牛皮皆碎迸无迹，甲铁皆透"。一种以巨竹为筒，内放火药和铁丸、石子的突火枪及元代铜制火铳的发明，为近代枪、炮的出现和发展奠定了基础。枪、炮的使用，为铠甲敲响了丧钟，与刀、矛、弓、弩厮杀了几千年的铠甲在冲天火光和隆隆枪炮声中黯然离去，替代它的是多姿多彩的防弹衣。

防弹衣是指能吸收和耗散子弹动能，并阻止它们穿透的护身服装。随火器威力的增强，防弹衣也不断改进。防弹衣大体上经历了由金属防护向合成纤维过渡，又由单纯合成纤维向合成纤维与金属或陶瓷复合材料发展的过程。根据材料性质，可分成 3 类：

硬质材料：英国在一战时用碳钢板制成第一件重 10 千克的防弹衣，因太重而很少使用。后用合金钢制造的防弹背心，仅重 2～3 千克，可抵挡高速子弹的直射，其防非贯穿性损伤能力也强。可用"以刚克刚"来形容硬质材料的防弹性能。因其成本低、耐用，至今还在使用，但不如穿软质防弹衣舒服。除合金钢外，还有钛合金、超强铝合金、玻璃钢等，它们的板材常和软质材料组成复合材料的防弹衣。

软质材料：1939 年，美国首次生产出人造合成纤维——尼龙。这种柔韧的纤维制成的防弹衣，可以柔克刚，化险为夷。让我们分析一下其防弹机制。当子弹击中防弹衣后，击中部位的纤维被拉伸，并将子弹的冲击动能分散到周边的纤维上。若子弹穿透力强，或者锋利的弹片将纤维割断，则纵横交错的多层纤维就会将子弹或弹片裹住。

美军 20 世纪 50 年代在朝鲜战场上就使用了 12 层尼龙的防弹背心，除稍重、气闷外，防弹效果明显。在越南战场，美将尼龙防弹背心作为正式装备，虽仅重 4.5 千克，但仍使作战能力下降了 30%。令美军头痛的是越南潮湿闷热的天气，穿之，难忍其苦；脱之，恐遭袭击，陷入穿、脱两难境地。

1971年，美国研制出新型高强度芳香族聚酰胺合成纤维，商品名叫"凯夫拉"，其强韧性比尼龙好，吸收子弹动能的能力是尼龙的1.6倍，是钢的2倍，易加工，质量轻，穿着舒适，是目前制作防弹衣的主打材料。随后，美国引进荷兰专利，生产一种超高分子量聚乙烯纤维，商品名"斯佩克特拉"，其防弹性能比"凯夫拉"高35%，质量却轻三分之一，打破了"凯夫拉"在防弹材料中的一统天下。目前防弹材料的竞争非常激烈，荷、美、日和我国均有令人瞩目的成绩，新型高强度纤维不断出现。

在寻找高强度纤维时，仿生学引起人们的兴趣，美国人发现一种蜘蛛丝强度特高，是理想的防弹材料。当然不可能依靠人工饲养蜘蛛来获得，许多国家包括我国，正采用生物基因工程技术，培养有蜘蛛丝蛋白转基因的羊、牛和家蚕，再从羊和牛的奶中提炼出人造蜘蛛丝，或直接由家蚕吐出含蜘蛛丝的新蚕丝。这项有意义的研究，科学家们正紧张地进行着呢！

软、硬复合材料：软质防弹衣防弹能力强、质地柔软，穿着轻便，但不足之处是防高速子弹直射能力及防非贯穿损伤能力不及硬质材料。为此，专家将软、硬材料结合起来，取长补短，使刚柔相济，即在软质防弹衣的内衬或外面缝制口袋，插入合适的硬质增强板，组成软、硬复合材料相结合的防弹衣，大大地提高了在重火力情况下防弹衣的保险系数。

▲ 穿戴防弹衣的士兵

▲ 软硬复合材料防弹衣

　　防弹衣可提高参战人员的生存概率，但它并非万能，穿了防弹衣也可能被子弹、弹片击中未护及部位，或被高于防护等级的火力击中。有的大国以别人对自己有威胁为由，肆意发动战争。以为有世界上最先进的防弹衣、高科技信息系统、远程精确打击武器系统，妄想以自己的"零伤亡"将对方"扑杀"。但战争是把双刃剑，屠杀别人，自己肯定也要为此付出沉重代价。真要"零伤亡"，只有选择和平。

（张寿彭）

"性格顽强"的硬汉——钨

~~~~~~

　　在人类漫长的发展长河中，金属可谓是我们文明的见证者。铜是最早被人类发现和应用的金属。早在 4 000多年以前，我国劳动人民就已经使用铜了。跟铜几乎同时被发现的金属是锡，古代使用的青铜，就是铜和锡的合金。铅的发现比铜和锡稍晚一点。公元前 1600 年左右，铅已经成为一种常见常用的金属。我国在殷代末年，就已经开始炼铅了。时至今日，金属王国还一直在"招兵买马"，在不断地壮大中。

　　其中有一类比较特殊的金属，被称为稀有金属。那为什么要把这么一大批金属称为稀有金属呢，是不是因为它们在自然界的蕴藏量太少了呢？其实要说在自然界里的蕴藏量，不少稀有金属还真不稀有。举个例子说，钛是一种稀有金属，它在地壳里的含量，比铅、锌、铜、锡等还多，在金属王国中，它仅次于铝、铁、钙、钠、钾、镁而排行第七。稀有金属这个名称的由来，固然是因为某些金属确实稀有，但最主要的一点，是它们被人们发现的时间和在工业技术上得到应用的时间，要比其他金属晚得多。

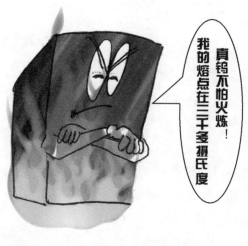

▲ 耐高温强者——钨

钨就属于稀有金属中稀有高熔点金属的一种，这类稀有高熔点金属的主要特点是"性格顽强"，熔点很高。钨的熔点高达 3 410 ℃，比自然界里现有的金属元素的熔点都要高。而它的同伴如钼、铌、锆、钒、铼等等，也都身手不凡，其中最容易熔化的是钛，可它的熔点还在 1 660 ℃，比所谓"真金不怕火炼"的黄金的熔点还要高 600 ℃。

钨还是金属材料中的"硬度之王"，因为它具有很高的硬度和很强的抗腐蚀能力，这也是稀有高熔点金属的第二个特点。钨跟碳、氯、硼、硅等元素相结合，能够生成非常坚硬、非常难熔的化合物。它是金属中施瓦辛格式的"硬汉"，简直是所向无敌。

1864 年，英国人罗伯特·马谢特第一次将 5% 的钨作为一种合金元素添加到钢中。这种钢在加热到发红时，不但能保持原有硬度，而且还能增加硬度，人们称之为

"马谢特自硬钢"。用这种钢制成的刀具可使金属的切削速度增加50%，即每分钟可切削7.5米，而不是原来的5米。

这时，人们想：是否可以使切削速度再增加呢？结果发现钢已经无能为力了，就是再加钨也无济于事。那么，这是不是就意味着切削速度真的达到了极限，再也不可能更快了呢？

面对高速切削所产生的高温的挑战，我们的"耐高温强者"钨面无难色，大显身手。1907年，一种以钨、铬和钴为基础的合金——"斯特利"硬质合金研制成功了。这种合金标志着现代硬质合金发展的开端，保证了更高速切削的实现。今天，这种合金已达到每分钟2 000米这样惊人的切削速度了。

现代的超硬质合金是由碳化钨和一些其他元素的碳化物用烧结方法生产的，合金中还含有钴这样的胶合颗粒。这种烧结成的材料称作金属陶瓷或陶瓷合金，它的硬度即使在1 000 ℃的高温下也不会降低，因此可以进行高速切削加工。碳化钨制品的硬度非常高，如果你想用锉刀来锉断它，那碳化钨制品不会断，断的将是锉刀自己。

不仅如此，钨还有"光明使者"的称号，它被用做照明光源的灯丝，像普通的灯泡、台灯、壁灯、舞台灯、路灯、车灯等等。你能置身于五光十色的灯彩中，是钨丝起到了举足轻重的作用。

除此之外，钨还素有"最佳合作伙伴"之称。当它和其他的伙伴结合在一起时，就能发挥更神奇的作用。钨-铼族合金具有优良的低温延展性和高温强度，除了应用在宇宙飞船中的高温部位和核反应堆的管道系统中，也用作真空炉或氢气炉和涡轮机施应器燃烧室中的热电偶，尤其适用于在高湿度和腐蚀性环境中使用的电触点。

与钨相比，如铌和钽这样的难熔金属虽具有好的延展性，但高温抗拉和抗蠕变强度不高。在这些金属中加入钨后，其高温性能便得以改善。它们可用于高温燃气涡轮机叶片，用于火箭喷嘴、火焰挡板和宇航方面的其他零件；用于某些用途的 X 射线靶；用于防化学管路或作严重腐蚀条件下的容器。

钨用途虽然十分广泛，但它的潜力还很巨大，应用前景也十分广阔，只要我们人类继续努力开发它的长处，这位硬汉会有更大的空间去大展宏图。

（王　娜）

从拿破仑死亡之谜说开去

~~~~~~

　　拿破仑是 18～19 世纪法国杰出的资产阶级政治家和军事家。他以一介平民出身，通过自己的奋斗成为法兰西帝国的缔造者。他在有生之年四处征战，先后多次打垮了欧洲各个封建君主国组织的"反法同盟"，削弱了整个欧洲大陆的封建势力。然而，这位叱咤风云的人物，最后却莫名其妙地死去，有人说是死于胃癌，有人说是死于砒霜中毒，众多历史学家对此无法给出一个准确的答案。幸好，拿破仑的一个仆人保留了他死后的几根头发，对破解这个谜团起了重要的作用。科学家采用"中子活化分析法"对头发进行了处理，结果发现头发中砷超过了正常含量的 5～33 倍，而砷的化合物——三氧化二砷正是砒霜。虽然这并不能够最终准确地确定拿破仑的死因，但对史学家的研究却起到了重要的指导作用。

在这一过程中，发挥重要作用的"中子活化分析法"的原理是这样的：让头发接受中子的照射，头发里的某些元素会把中子"吃掉"，变成放射性同位素，比如砷-75吸收一个中子就变成了具有放射性的砷-76。而不同的同位素放射出射线的能量不同，比如砷-76，它会放出能量确定的三四种β射线和三四种γ射线。通过测定头发放出射线的种类和能量，就可以推断出头发中含有什么元素，以及含量是多少。这种"中子活化分析法"又快又灵敏，甚至百亿分之一克的元素它都能够测量出来。

"中子活化分析法"是人们对元素的放射性进行利用的例子之一，人们对于放射性元素的研究最早可以追溯到19世纪末贝克勒耳无意当中发现铀的放射性。1896年，贝克勒耳进行了一项实验，试图研究一种叫作硫酸钾铀的物质所发出的荧光是否含有X射线。他的想法是这样的：在白天用太阳照射铀盐，它会放出荧光，如果荧光里面含有X射线，那么它就可以使包在黑纸里面的底片感光。结果，底片的确感光了。由于当时人们不知道除了X射线还有什么别的东西可以穿越黑的障碍物使底片感光，所以贝克勒耳觉得，荧光里面的确含有X射线。可是，在他做实验的后几天，天总是阴沉沉的，没有太阳，让他无法按照原计划完成实验。于是他就将铀盐和用黑纸包好的底片一起放进了暗橱，打算等太阳出来之后，再来继续他的实验，无意之中，他还把一把钥匙留在了暗橱里。等到天气好了之后，贝克勒耳取出一张底片，企图检查底片被感光了没有。可是冲洗的结果却意外地发现，底片已强烈地感光了，在底片上出现了硫酸钾铀的影像，还留有钥匙的影子。可这次照相底片并没有离开过暗橱，没有外来光线；硫酸钾铀未曾受光线照射，也谈不上荧光，更谈不到含有 X 射线了。

那么，到底是什么东西使照相底片感光的呢？原来，硫酸钾铀里面含有很多的铀，正是铀的放射性产生的射线让底片感光。因为这个发现，贝克勒耳和居里夫妇共同获得了 1903 年的诺贝尔物理奖。

贝克勒耳的发现拉开了近代核工业的序幕。其间，各种放射性金属元素不断被发现，比如居里夫人于 1898 年在寻找比铀的放射性更强的元素时发现了钋、镭。同时这些放射性重金属元素被应用到军事、民用的各个领域，对我们的世界产生了重大的影响。

比如铀 -235、铀 -233、钚 -239 成为核武器的主要原料。以铀 -235 为例，当一个铀 -235 原子核受到一个中子的轰击而分裂时，会放出 3 个中子，这些中子再轰击其他原子核，从而发生链式反应，释放出巨大的能量。1 千克铀 -235 产生的热能大约等于 200 万千克好煤燃烧时所产生的热能。据有关文献记载，1945 年 8 月二战快结束时，美国投到日本的一颗名为"小男孩"的原子弹，重约 4 吨，长约 3 米，其形状像普通炸弹，但是由于使用了铀 235，其爆炸力相当于 2 万吨 TNT 烈性炸药。

科学总是向我们显示它双刃剑的特性，在核武器给人类带来巨大恐惧的同时，对放射性重金属元素的和平利用，如核电站的建立，也对人类做出了巨大的贡献。我国现在已经建立了秦山、秦山二期、秦山三期、大亚湾、岭澳等核电站，截至 2003 年的数据，这些核电站总发电量超过 1 500 亿千瓦时，为广东、深圳、香港等地的电力保障做出了巨大贡献。

（戴　华）

面团一样的金属

~~~~~~

　　面团很柔软，可以被毫不费力地捏成任何形状。在我们的印象中，金属都是硬邦邦的，难道它也可以像面团一样随我们任意摆布吗？1920年，一位叫罗森海因的德国科学家发现锌、铝、铜三元合金在低速弯曲时，可以弯曲近180度，此时的金属表现出了像面团一样的黏滞现象，可以任意变形。1928年，英国物理学家森金斯下了一个定义：凡金属在适当的温度下变得像软糖一样柔软，而且其应变速度为每秒10毫米时产生300%以上的延伸率，属于超塑性现象。1945年，苏联鲍奇瓦尔针对这一现象提出了"超塑性"这一术语。

　　科学家们已经发现，许多金属材料都有超塑性。现在工业上应用比较普遍的是铝合金、镍合金、钛合金、铁合金、锌合金等。

塑性是金属本身具有的一种物理属性，它是指材料受到外力作用时，发生显著的变形却不立即断裂的性质。通常用延伸率来表示塑性大小，也就是用金属材料在拉断时的增长量与原来长度之比的百分率来表示。一般黑色金属的延伸率为40%左右，有色金属不超过60%，而具有超塑性的合金，在一定温度下能够达到100%以上，有的甚至达到1 000%~2 000%。金属塑性的大小代表着金属变形能力的好坏，塑性好的材料在加工过程中容易成形，可以制造出形状复杂的零件。

我们都知道金属在常温下是固态，这时，晶体内原子排列非常致密，变形很困难，只有在特定条件下，金属才能显示出超塑性。现在已知道合金的超塑性分为两大类：一种称为微晶粒超塑性，是指合金在一定的温度范围内进行低速加工时，如果晶粒成为微细晶粒，这时合金就会表现出超塑性；另一种称为相变超塑性，是指有些金属受热达到某个温度区域时，内部结构会出现一些异常的变化，在这时对金属施力，就会使金属呈现相变超塑性。超塑性合金又被称为材料界的"变形金刚"，它在特定条件下能像面团一样柔软，但是在常温下又能重现抗压、抗拉和耐腐蚀等金属特征。利用这种特殊的性能，可以创造出先进的加工工艺，生产很多奇妙的产品。

超塑性合金在轧制、挤压加工中，由于很柔软，不需要很大的力就可以变形，所以能使加工设备吨位大大减少。经测定，超塑金属的成型压力仅为一般金属的几分之一到几十分之一。一般地说，采用 45 吨的压机就可以成型，而一般的金属冷挤压成型时则需要用 300 吨以上的压机。

利用金属的超塑性可以轻而易举地使金属像塑料一样进行一次成型加工。例如，冲压加工长筒形容器时，用一般金属进行一次深冲成型，所获得的最大筒深（H）和直径（d）之比约为 0.75，而用超塑合金成型时 H/d 可达 11，为普通金属的 14 倍多，而且冲出的长筒容器不会出现耳朵状缺陷。一次成型最大的优点是可以大大节约金属材料。例如，生产一只 68 千克的镍盘燃气机盘，用通常的锻造加工，所需的坯锭重达 204 千克，而用超塑合金锻造，坯锭只要 72.5 千克就足够了，每只节约材料 130 千克以上，这实在是个巨大的数字。

利用金属的超塑性还可以使许多形状复杂、难以成形的材料以及低塑性甚至脆性材料的变形成为可能。例如人造卫星上钛合金球形燃料箱，壁厚仅 710 微米～1.5 毫米，就可以采用超塑性成形的方法制作。制作 B-1 战略轰炸机的舱门、尾舱、骨架，原工艺需要 100 个左右的零件，然后再经各种方法连接组装而成，而用超塑性钛合金，就可以一次成型，使尾舱架的重量减轻大约 33%，成本降低 55% 左右。

在航空和航天工业中，超塑性合金也可以大显身手。比如，在超塑状态下，把铝、硅基的脆性合金压制成几十微米厚的薄片作基体材料，然后在基体材料中渗入硼纤维或碳纤维作为骨架，所制成的材料可以综合基体材料和骨架材料的双重优点，具有高强度、耐高温、低密度等特点，如果用来加强飞机上的衬板，可以使机翼的刚度提高约 50%，自重减轻一半左右。若是用来制造整架飞机，可以使飞机的整体重量减轻近四分之一。

超塑性合金已经在现代工业生产的很多领域中广泛应用，在航空航天以及汽车的零部件生产、工艺品制造、仪器仪表壳罩件和一些复杂形状构件的生产中更是起到了不可替代的作用。虽然目前超塑性金属制造在技术上仍有着一定的障碍，如成本高、加工时间长等等，但是其卓越的性能和良好的潜力正吸引着越来越多的科学工作者来研究它，超塑性金属必将走向一条更加宽广的阳光大道。

（王　婧）

黄金——永恒的魅力

～～～～～～～～～～～～～～～～～～～～～～～～

　　金同银、铂等都属于贵金属，在自然界中储量很少，分布不均匀，所以价值很高。金的化学元素符号是"Au"，熔点高达 1 064.43 ℃，俗话说"真金不怕火炼"，这是因为金不易被氧化，即使在高温熔融状态下也不与氧发生反应。熔炼黄金时火越烈，越容易使杂质氧化成渣，漂浮在熔融黄金的上面，使黄金变得更加纯净。由于黄金具有这种优良的抗氧化能力，所以它在地下深埋几千年后仍然金光闪闪。黄金还具有很强的抗腐蚀能力，即使是浓硫酸或浓硝酸也不能溶解黄金。金比较软，延展性极佳，可以很容易地加工成各种形状，1 克黄金可以拉成长达 3 000～4 000 米的金丝，2 100 多年前西汉中山靖王的金缕玉衣就是用金丝串联小玉片连缀而成的，现代集成电路所用的球焊金丝的直径只有 18～25 微米。金

▲ 宝石金戒指

还可以做成金箔，1克金可以碾轧成面积达到28平方米的薄片，它的厚度仅仅只有 10^{-5} 毫米厚，一些商场的招牌和寺庙中佛像的金身都采用贴金箔的方法。

用于装饰的金属材料要具备良好的化学稳定性（耐酸、碱）、美丽的色泽和方便的加工性能（良好的延展性），黄金正是集以上特点于一身，所以黄金最初的用途就是装饰。又由于其稀有，自古以来，黄金就成了帝王权力的象征，他们将身边的很多物件都做成黄金或贴金的，大到皇宫、神殿、祭坛，小到皇冠、黄袍、杯、盘等，以此来显示其尊贵与奢华。世界各国人民都有佩戴黄金首饰的习俗，我国自古以来，男婚女嫁时就有以金银首饰作为聘礼和嫁妆的习俗。现在，黄金作为饰品也走向了更广阔的领域，如作为时尚元素被服装设计师应用到时装中。

20世纪以来，金又被广泛用于电子工业和尖端科学技术中，金在电子工业中90%的用量是供镀层用的，金属部件经镀金后可在高温条件下或酸性介质中使用。镀金的另一个作用是可防止热辐射，因此人造卫星和宇宙飞船中很多仪器都是镀金的，就连宇航员在飞船外工作时，其与座舱连接的生命带有的也用镀金防止热辐射。

金在飞机和火箭上的红外装置、热反射器等也发挥了作用。把微型黄金线路"印刷"到一小块陶瓷片上，用于计算机则可节省数千米长的导线，这正是计算机不断向小型化发展的奥妙所在。

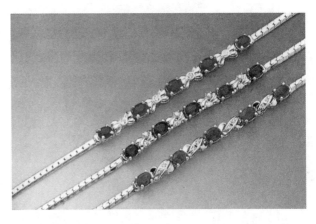

▲ 18K 黄金宝石手链

在各种精密仪表的微电路上，只要掺入微量黄金，就可以大大提高这些仪表的稳定性和灵敏度；高档电话机、收音机和电视机的微电路用黄金，可以保证连接和切断的可靠性。在航天飞机、喷气式战斗机和导弹的电子系统制造中，黄金能保证指令从发出的地方通过连接器传送到接收器，而不会有1秒钟的中断。随着科学技术的进步，金在现代工业中的应用越来越广泛，用量越来越多，尤其是在要求高、精、尖技术的设备上，应用黄金的部件越来越多。黄金在不少领域中已成为不可取代的金属，看来黄金在人类的社会生活中还将继续大放异彩，它的魅力是永恒的！

（王　婧）

神奇的稀土

～～～～～～～～～～～～～～～～～～～～～～～～～～

　　稀土元素是一个"人丁兴旺"的大家族，有钪、钇、镧、铈、镨、钕、钐、铕、钆、铽、镝、钬、铒、铥、镥等兄弟姊妹。

　　叫"稀土"，其实有点名不副实，因为，作为稀土家庭整体，它们既不稀，也不少，地壳中的分布量比常见的铜、铅、锌、锡多得多。它们也不像土，是典型的金属，有银白色的光泽、优良的导电性能和活泼的化学性能，能与氧、硫、卤素形成化合物。为什么叫稀土呢？这不能不从它的发现说起。

　　瑞典军人阿它尼乌斯是位业余矿物爱好者，1787 年他在斯德哥尔摩附近一个叫伊特比的小岛找到一块像煤又像沥青的石头。因不知为何物，就叫它"伊特比石"。7 年后，芬兰化学家加多林对"伊特比石"进行多次试验，确认其中除铁、镁氧化物、石灰、硅土外，还有一种未知元素的氧化物，是一种"新土"。化学界习惯把不溶于水又有耐火能力的固体氧化物叫土。加多林认为此土稀奇罕见，遂称为"稀土"。后来，就把组成化合物的金属称为稀土金属。因此，理解稀土金属不能望文生义。今天说到"稀土"，可能指单一或复合的稀土化合物，也可能是指稀土纯金属或其合金。

随后，瑞典科学家把在稀土中找到的 4 种稀土元素，用伊特比（Ytterby）岛名中的 3～6 个字母分别命名为钇（Yeerium）、铽（Terbium）、铒（Erbium）和镱（Ytterbium）。一个小岛竟为 4 种元素命名，这在世界上是绝无仅有的。

随后，科学家又陆续找到钪、钬、铥、钆、镝、镥；在铈硅石矿中又找到铈、镧、钐、镨、镨和钕。1947年，美国人在铀裂变生成人工放射性同位素时发现了钷，1972 年在自然界里找到钷。

由于稀土元素习性相近，又以差别很大的含量共生一矿，常和铀、钍、钽、铌、钛群集，将它们分离、提纯非常困难。经过几代科学家 178 年的努力，才将 17 个兄弟姊妹一个个从"深闺老宅"中请出来，结束了亿万年同居一室，彼此相见却不相识的局面，实现了大团圆。

稀土在几乎所有的领域都具有神奇的功效，被誉为改造传统产业、提升传统产品及研发新产品的"维生素"。

19 世纪末，奥地利的威斯巴奇首先用含稀土氧化物的纱罩汽灯点亮了维也纳大学化学系演说厅，这种显色好、寿命长、比电灯亮数十倍的稀土汽灯立刻风靡欧洲和全球。

冶金是使用稀土的大户。与普通钢相比，稀土钢的强度、韧性、塑性、抗疲劳强度、抗腐蚀性、抗裂性都有显著提高，现在造的大桥、船、车、铁轨、管道、钢塔等大型钢结构都用稀土钢。耐热钢、不锈钢、硬质合金中添加微量稀土，就能使性能和寿命大大提高。用稀土球墨铸铁制造柴油机曲轴，不仅成本降低，且寿命更长，实现了以铁代钢、以铸代煅的梦想。稀土铝合金导线不但导电性好，且强度接近钢。在铝合金中加入微量钪，可阻止焊接热裂纹，使飞行器的传统铆接改焊接成为可能。这不但节约材料，而且使结构的强度增加，重量减轻。这是航空、航天制造工艺的重大进步。

稀土在石油裂化中是重要的催化剂；稀土汽车尾气净化剂可部分代替原来使用的贵金属铂、钯、铑，降低成本，还不会因使用铅汽油而"中毒"，因而深受汽车、环保界青睐。稀土还是合成橡胶的催化剂，其产品可与天然橡胶媲美。

在农、林、养殖业中，稀土有微量元素激活剂的奇妙作用。每亩地只需加25～50克的稀土微肥，便可使粮、油、菜、果增产10%以上，而且还能提高作物抗寒、旱及病虫害的能力。

稀土可制造治晕眩、呕吐、烧伤、杀菌、抗凝血及抗动脉硬化的多种药品，调查还发现：稀土厂工人比对照组人群癌症发病率低很多，稀土有抑制癌细胞作用，同时能促进人体抗癌细胞的生长。现在，稀土功能的研究已扩大到生物领域，科学家拟用稀土催化剂切断癌细胞与艾滋病的基因，一旦研究成功，将是人类最大的福音。

更重要的是，用稀土可制造特殊的光电磁多功能材料，如荧光及特种功能材料、永磁材料、贮氢蓄能材料、激光材料、超导材料、光导材料、功能陶瓷及特种玻璃材料、半导体材料，这些，都是发展信息产业、开发新能源及环保、核工业、航天业等尖端科技不可或缺的新材料。难怪美国认定35个，日本认定26个对本国经济技术发展至关重要的战略元素时，都把17个稀土元素列入其中。稀土已成为世界性的争夺对象。稀土，令世界瞩目。

（张寿彭）

最轻的金属锂

1817 年，瑞典化学家阿尔弗德松发现了钾、钠的近亲小妹——锂。它和钾、钠一样，也是银白色的软金属，但密度比钾、钠还小，仅为 0.534 克 / 厘米^3，是最轻的金属。锂和钾、钠一样，化学性质异常活泼，见空气就氧化，遇水就激烈反应，夺取水中的氧并放出氢气，生成氢氧化锂溶于水中。由于锂生性不安分，只好将它"禁闭"在石蜡中。

锂出世后默默无闻，直到第一次世界大战期间才初露锋芒。当时，德国是一个缺锡之国，为制造既耐压又抗磨的轴承合金，用锂代锡，制成性能良好的铅锂轴承合金。从此，锂时来运转，在航空和航天材料中也开始大显身手。

锂可谓轻金属之王，它还有一个美称叫"金属味精"。即在铝或镁中加一点点锂，合金的强度、韧性就会大大提高。有人会问，锂是软金属，铝和镁的硬度也不高，怎么一熔合强度就会提高了呢？冶金中的这种现象，早在战国时期《吕氏春秋》中，就对青铜（锡与铜的合金）的强化作了描述："金（古代指铜）柔锡柔，合二柔以为刚。"当然，先人只知其然，不知其所以然。直到19~20世纪金属理论与实验技术的进步，人们才知道合金的强化原来是合金组分间相互作用，致使合金内部结构与组织发生根本变化的结果。

铝锂合金比一般铝合金更强、更韧、更轻，适于制造导弹、军用飞机、大型客机结构材料与蒙皮。长期以来，人们认为飞机只能应用铆接工艺，一架飞机上常有数十万，甚至数百万颗铆钉。铝锂合金有良好的焊接性能，20世纪80年代，出现全焊接战斗机的机身，随后大型客机也用全焊接。显然，焊接比铆接简便、牢固、经济、机身更轻。最轻的要数镁锂合金，放在水里会浮起来。它具有高弹性，抗低温、高温性能好，又能抗高速粒子冲击，特别是铝锂及镁锂合金与无机材料复合化后，在航天业中用途更广。

锂称得上是一个"多面手"，在许多领域具有广泛的用途。含锂润滑剂被称为永久型、放心型润滑剂，汽车中一些易磨损零件，只要加一次锂润滑剂，就可以用到汽车报废为止。在温度$-50\,^{\circ}\mathrm{C}\sim200\,^{\circ}\mathrm{C}$内，机械转速每分钟1万转，仍可保持正常工作。飞机起落架及其操作机构、坦克、战车等军事机械装备，在南、北极恶劣多变气候下工作的运转设备，都应使用锂润滑剂。

氢化锂丸在第二次世界大战中是美国飞行员的必备之物，1千克氢化锂遇水后可产生2 800千克氢气。一旦飞机失事坠水，救生衣、救生艇的一颗小小的氢化锂丸遇水，能立刻释放大量氢气，帮助飞行员逃生。

锂质玻璃的光学性能、热稳定性好，电阻率高、介质损耗低，可用来制造电视显像管玻璃。锂的化合物在纺织业中可用于织物的漂白与染整，使织物色彩艳丽。锂在医药工业上主要用于制作治痛风病药，锂制剂对精神病、再生性障碍贫血症、癌症化疗引起的白细胞减少、周期性偏头痛及消化系统疾病都有良好的疗效。农业上，锂盐作为肥料，能增强作物的抗病能力。

锂还是节能、环保高手。电解铝时，在原料三氧化二铝、水晶石中加入适量碳酸锂，可明显节电、增产、降低氟的排放量，一举三得。冷冻机采用溴化锂代替氟利昂作制冷剂，不仅保护了大气中的臭氧层，其制作成本也比氟利昂低得多。

手机、笔记本电脑、摄像机、数码相机等现代高科技产品给人民生活带来了极大的便捷和快乐，而支撑我们享受生活的"幕后英雄"就是锂离子电池。与其他电池相比，它重量轻、体积小、工作电压高、寿命长、自放电率低、充放电快、对人体和环境无害。它还有一个独特的优点是没有记忆效应，在充电前不必考虑电池中电是否用完，可随时充电。

锂在航空航天、电池、冶金、机械、化工、纺织、玻璃陶瓷、医药、农业等许多领域具有广泛用途，特别是在未来的可控热核反应这一崭新的原子能领域里，更具有举足轻重的地位。别看它娇小轻柔，它将是未来的一颗耀眼的能源之星，将为人类做出巨大的贡献。

（张寿彭）

善解人意的减振合金

～～～～～～～～～～～～～～～～～～～～

　　大家都知道，声音的产生是由于物体发生了振动，产生的声波通过空气等媒介传播就能够被人耳听到。正因为振动，我们可以听到自然界各种各样的声音，乐器所产生的振动会带给我们美妙的音乐。然而同时，无规律的振动带来的噪声也令人烦恼。

　　振动和噪声是一对"孪生姐妹"，噪声污染环境，损害人体健康；工业生产中机械的振动会影响机械产品的质量，缩短机械部件的寿命，降低仪表的精度和可靠性，而且在很多时候，振动是酿成事故的祸根。据统计，在机器制造业中有将近百分之八十的事故和设备损坏，是由物体振动引起的共振所致。因此，振动和噪声已成为决定产品价值和市场竞争能力的重要因素。科学家们在寻找各种办法减少振动、降低噪声的过程中，意外地发

现了金属材料的减振特性，并开发和研制成了减振合金。

　　什么是减振合金？即敲击时不像青铜、钢材那样发出洪亮的金属音，而是像敲击橡胶那样只发出微弱的哑声，然而又像钢材那样能承受较高的工作温度、具有高强度的承载能力，这样的金属材料称为减振合金。有时也把它们叫作"无声合金"、"消声合金"或者"安静合金"。

　　物体的任何一种运动形式都伴随着能量的产生和转化，同样，振动可以产生振动能。减振合金就是自身具有消耗或转化振动能量的一类合金。目前常用的减振合金有复相型减振合金、铁磁型减振合金、孪晶型减振合金和位错型减振合金等。

　　复相型减振合金有两种或两种以上的组织结构。通常是在较硬的基体组织中分布着较软的一相。例如减振合金中应用最广的铸铁，铁是硬的基体，石墨是软的一相。在外界作用下，铸铁中的石墨可以反复变形，振动能被转化为摩擦热而被消耗，从而起到减振作用。铸铁成本低，具有良好的铸造性能，很早就用于机械的防振了。铝锌也是典型的复相型减振合金，用它做立体声放大器底板、扩音器框架等，能取得提高保真度的良好效果。

铁磁型减振合金的代表是铬钢。将铬元素含量占12%的铬钢经过适当的热处理，就具有良好的减振性能。这种钢是铁磁体，外界的振动可以转化为磁能而消失，从而使振动和噪音迅速衰减。同时这种钢的高温抗变形能力也很好，很早就用作蒸汽机的叶片材料使用。铁磁型减振合金的工艺性能优良，价格也比较便宜，在减振合金中占有很重要的地位。

孪晶型减振合金是在外界振动作用下，合金中产生了组织结构的变化而消耗振动能。英国海军作为潜艇螺旋桨用材而开发的锰-铜-铝系合金，就是这种类型的减振合金。它的减振效果明显，同时还可以抗海水腐蚀，但是减振作用受温度变化的影响很大，这是因为合金组织结构变化对温度很敏感。由于海水基本保持常温，因此用它做潜艇螺旋桨是最合适的。

镁和镁合金属于位错型的减振合金。它们是靠合金微观原子结构的缺陷与杂质原子之间作用而吸收振动能。这类合金减振能力很好，密度低，能承受大的冲击负荷，目前多用于航空航天工业中。

（黎 黎）

被驯服了的金属——超塑性合金

一提到金属，或许你马上想到的是坚硬的固体，不那么柔顺，想要它在通常条件下产生永久变形，是很不容易的事情。然而，科学家们发现，在某种特定的条件下，一些合金可以产生300%以上的延伸率，这种现象叫"超塑性现象"。

超塑性是一种奇特的现象，具有超塑性的合金能像饴糖一样伸长10倍、20倍，甚至上百倍，既不出现缩颈，也不会断裂。因此，被称为"金属中的口香糖"。

众所周知，金属在常温下是以固体状态存在的。晶体原子排列成紧密的晶格点阵，保持着其原有的各种特性。而当加热到一定的高温之后，一些金属和化合物中的原子就变得活跃起来，从而打破了原有的紧密的晶格点阵，降低了原子间的结合力，增加了金属的可塑性。

这样，原来难以进行加工的固体金属就会变得易于成型。

　　然而，在通常情况下，一般金属的延伸率不超过90%，而超塑性金属材料的最大延伸率可高达1 000%～2 000%，个别的能达到6 000%。但金属只有在特定条件下，才显示出超塑性。在一定的变形温度范围内进行低速加工时，可能出现超塑性。产生超塑性的合金，晶粒一般为微细晶粒，这种超塑性叫作微晶超塑性。有些金属受热达到某个温度区域时，会出现一些异常的变化，若使这种金属在内部结构发生变化的温度范围上下波动，同时又对金属施力，就会使金属呈现相变超塑性。

　　实现超塑性的主要条件是一定的变形温度和低的应变速率，这时，合金本身还要具有极为细小的等轴晶粒（直径5微米以下），这种超塑性称为超细晶粒超塑性。还有一些钢，在一定的温度下组织中的相发生转变，在相变点附近加工，也能完成超塑性，称为相变超塑性。

　　1928年，英国物理学家森金斯下了一个定义：凡金属在适当的温度下变得像软糖一样柔软，而且其应变速度为每秒10毫米时产生300%以上的延伸率，均属超塑性现象。1945年，苏联的鲍奇瓦尔等针对这一现象提出了"超塑性"这一术语，并在许许多多有色金属共晶体及共折体合金中，发现了不少延展性特别显著的特异现象。

　　最初发展的超塑性合金是一种简单的合金，如锡铅、铋锡等。一根铋锡棒可以拉伸到原长的19.5倍，然而这些材料的强度太低，不能制造机器零件，所以并没有引起人们的重视。

20世纪60年代以后，研究者发现许多有实用价值的锌、铝、铜合金中也具有超塑性，于是苏联、美国和西欧一些国家对超塑性理论和加工发生了兴趣。特别在航空航天上，面对极难变形的钛合金和高温合金，普通的锻造和轧制等工艺很难成形，而利用超塑性加工却获得了成功。到了20世纪70年代，各种材料的超塑性成型已发展成流行的新工艺。

现在的超塑性合金已有一份长长的清单，最常用的铝、镍、铜、铁等合金均有10～15个牌号，它们的延伸率在200%～2 000%之间。铝锌共晶合金为1 000%，铝铜合金1 150%，碳和不锈钢为150%～800%，钛合金为450%～1 000%。

超塑性加工具有很大的实用价值，只要很小的压力就能获得形状非常复杂的制作。试想一下，金属变成了饴糖状，从而具有了可吹塑和挤压的柔软性能，因此，过去只能用于玻璃和塑料的真空成型、吹塑成型等工艺被沿用过来，用以对付难变形的合金。而这时所需的压力很小，只相当于正常压力加工时的几分之一到几十分之一，从而大大节省了能源和设备。这方面最典型的例子是钛合金加工。例如人造卫星上钛合金球形燃料箱，壁厚仅710微米～1.5毫米，只有采用超塑性成形的吹塑成型法才能实现。B-1战略轰炸机的舱门、尾舱、骨架，原工艺需100个零件，经各种方法连接组装而成，而用超塑性钛合金，可一次成形，使尾舱的重量减轻约 33%，成本可降低 55%。

使用超塑性加工制造零件的另一优点是可以一次成型，省掉了机械加工、铆焊等工序，达到了节约原材料和降低成本的目的。在模压超塑性合金薄板时，只需要具备一种阴模或阳模即可，节省了一半的模具费用。超塑性加工的缺点是加工时间较长，由普通热模锻的几秒增至几分钟。

目前，超塑性的铝合金已经商品化，如英国的 Supral 100（Al-6Cu-0.4Zr）和加拿大的 Alcan 08050（Al-5Ca-5Zn）等。铝板可在 300 ℃～600 ℃时利用超塑性成型为复杂形状，所用模具费用降低至普通压力加工模具费用的 1/10，因此，它具有和薄钢板、铝压铸件及塑料模压铸件竞争的能力。另外一种典型的超塑性工艺，超塑成型—扩散焊复合工艺也已在航空航天制造业中发挥着日益重要的作用。

（闫永杰）

年轻有为的多面手——钛

　　如果说钢是 19 世纪风光一时的金属，铝、镁是 20 世纪流行于世界的金属，那么钛就是 21 世纪金属中的宠儿！

　　人们早在 1789 年就在钛磁铁矿中发现了二氧化钛（TiO_2），但是由于钛的熔点很高（约 1 660 ℃），必须在高温下冶炼，而高温下钛的化学性质又很活泼，因此冶炼钛特别困难，人们也一直将钛称为"稀有金属"。其实呢，正好相反，钛是地壳中含量较多的元素之一，约占地壳质量的 0.6%，位居第九位，是铜的 80 倍，银的 6 万倍，而钛资源在常用金属中则仅次于铁、铝、镁（其在地壳中的含量分别为 8.13%、5%、2.1%）而列居第四位。

　　一直到 20 世纪 50 年代左右，人们终于找到了适用

钛合金能使飞机以
3～4倍音速飞行▶

于钛合金的冶炼工艺及设备——真空自耗电极电弧炉，这样才使得钛开始走向工业化的生产。但是，最初的产量很少，直到20世纪80年代才有较大的发展，就金属的应用来说，钛可以说是名副其实的"小弟弟"！

可是这个小弟弟却具有不寻常的综合优点，是一个人见人爱的"多面手"。它比钢轻得多（密度只有钢的60%左右），但比钢和铝更加结实（以同等质量而论），而且能抗腐蚀、耐高温、耐低温，还无磁、无毒、具有记忆功能等等。因为它集如此众多的优点于一身，因此，钛被人们称为是继铁、铝之后的"第三金属"。

钛可以广泛应用于航空领域。目前蓝天上飞行的飞机很多都是用铝合金制造的。但是，当飞机的速度达到2倍音速时，机身的温度会比1倍音速的飞机高大约100 ℃；当速度达到3倍音速的时候，机身温度又会高出200 ℃，这时铝合金的强度将会大大降低，如果强行飞行，铝合金飞机会在空中碎裂，发生十分可怕的空难事故。所以，人们一般将飞机速度达到音速2~3倍的区域看作是难以逾越的"热障"。那么，能不能越过这个障碍呢？能！但是用铝合金做机身是不行的，必须寻找更加优异的材料，而钛合金就是这些新型材料中的佼佼者。钛合金在温度达到550 ℃时，强度仍无明显的变化，所以它能胜任飞机以3~4倍音速下的飞行。

更可贵的是，钛合金还同时具有优异的耐低温性能，可在−196 ℃~−253 ℃的低温下保持较好的延伸性和韧性，特别适合于太空环境对材料的要求。因此，钛又被称为"太空金属"，广泛应用于人造卫星的外壳、航天飞机的骨架和蒙皮、卫星的登月舱及推进系统等，美国"双子星座"宇宙飞船座舱几乎全部用钛制成。

另外，由于钛具有极好的耐腐蚀性能，在相关领域有重要的应用。钛是目前能大量生产的、几乎完全不被海水腐蚀的金属之一，是舰船、海洋工程的理想材料。比如，俄罗斯的台风级核潜艇每艘用钛就达到9 000吨，不仅能增加潜水深度，而且可提高航行速度。钛还被大量用于海洋石油开采和海滨电站。因此，钛又被称为"海洋金属"。钛的耐腐蚀性能，更令它能在化工领域大显身手。现在，各种钛制设备已经广泛地应用到氯碱、纯碱、尿素、盐等各种制造行业，为这些行业带来了显著的经济效益。

而且，钛具有无毒、无磁性的特性，钛合金的弹性模量和人体骨骼的弹性模量相近，与人体具有很好的相容性，因此又被称为"生物金属"。用钛片和钛螺丝治疗

▲ 北京的国家大剧院椭圆形屋顶采用了钛-不锈钢复合板

骨折，有意想不到的效果，只要过几个月，新骨和肌肉就会和钛片结合起来。因此，钛是理想的人体牙科植入物和人工关节材料。

钛还是记忆合金家族的重要组成成员。镍钛合金就是人们最早发现具有记忆效应的合金，这种合金能"记住"自己的形状，当它受到外力而变形后，只要给予相应温度，又能"故态复萌"，恢复原形。而且由于含有钛，它的强度也很高。因此，这种合金成为用途最广的形状记忆合金，直到今天，它仍是性能最好的形状记忆合金之一。

另外，作为结构材料，钛由于比强度（强度与密度之比）很高，在很多要求轻型、耐重荷的场合下，比钢铁这种传统的结构材料更有优势。比如，我国正在兴建的国家大剧院，其椭圆形的屋顶就采用了钛-不锈钢复合板，开了我国在建筑领域使用钛的先河（见图）。钛在美国、日本等国早已应用于建筑行业，比如，1984年日本东京电力博物馆就采用了钛板作为屋顶，面积达750平方米，共用钛材1吨。

钛的出现，将金属材料的使用带入了一个崭新的时代。钛的优异性能使其成为"智慧金属"和"全能金属"，钛的未来可以说前途无量。

（戴 华）

秦青铜兵器不锈之谜

当我们看到埋在潮湿地下两千多年，表面却毫无锈蚀，仍然光洁如新的兵器时，我们实在是叹为观止。北京钢铁学院（今北京科技大学）专家们曾用多种高科技检测仪器，发现秦兵马俑坑内的剑、镞矛、弩机之所以不锈，是因为表面有一层致密的黑色或黑灰色的保护层，其厚度为 $10\sim15~\mu m$，内含 CrO_2 的氧化层，平均含铬 2%，而黑色保护层内的青铜却不含铬。显然这层黑色氧化层是用含铬化合物人工氧化得到的。值得注意的是，河北满城西汉墓中出土的乌黑发亮的

▼ 秦青铜镞

汉镞与秦镞基本相似，经检测，其表面黑色保护层也是含铬的氧化层。时隔秦汉，地跨陕、冀，时空间隔如此之大，却有相同的含铬氧化层，可见此项技艺在当时已广为流传，并达到了相当高的水平。德国1937年、美国1950年才发明了用铬酸盐或重铬酸盐处理青铜或其他有色金属，使工件表面生成氧化保护层，以提高工件的抗腐蚀性的"专利"。这项专利，比起中国古代的秦人，整整晚了两千多年！这确实是金属表面处理工艺史的奇迹。

北京钢铁学院的专家们用秦人当时可以找到的原料铬铁矿（$FeO \cdot Cr_2O_3$）、自然碱（Na_2CO_3）、硝石（KNO_3或$NaNO_3$），将其混合加热制备铬酸盐、重铬酸盐，工件在熔融的混合物中加热1～2小时，结果获得满意的含铬氧化物的保护层，用浓硝酸滴于其上，5分钟未见任何反应，又将其置于10%的盐水中，3个月也未见有绿色蚀点。专家们倾向于古秦人可能是利用此法获得青铜兵器致密的黑色保护层的，并基本排除了兵器因土壤中有铬酸盐而自然氧化的可能性，或秦俑身上的铬颜料脱落再经过土壤使兵器氧化的可能性。当然，这仅仅是我们的分析，到底秦人用的是什么方法，至今还是一个谜。在检验中，发现有些兵器的黑色保护层中并不含铬，但也不生锈！这又是为

▼ 中国古代青铜剑

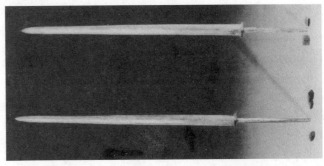

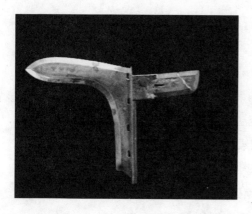
▲ 秦青铜戈

什么？这些千古之谜，还有待我们继续探究。

这项有两千多年实际测试防腐效果的工艺，完全可以为今天的防腐工程服务。现在常用处理核垃圾的方法，是用多层不锈钢闭封包装后，将其深埋于荒无人烟的地质结构稳定的地下。其实，价格昂贵、名为"不锈"的不锈钢，最后还是会生锈的。以百年计或许还可以，若以千年、两千年计就难说了。而不锈的秦兵器，在潮湿地下的恶劣环境中，历经了两千多年的考验仍丝毫无损。如今没有任何一种材料，做过这么长时间的地下抗腐蚀性能试验。显然表面经铬氧化处理的青铜，是最可靠的地下防蚀材料。

（张寿彭）